好想住这样的家

营造适合国人的舒适居住空间

PChouse太平洋家居网　编著

U0283240

江苏凤凰科学技术出版社 · 南京

图书在版编目（CIP）数据

好想住这样的家：营造适合国人的舒适居住空间 /
PChouse 太平洋家居网编著 . -- 南京：江苏凤凰科学技
术出版社，2023.6
　　ISBN 978-7-5713-3603-5

　Ⅰ . ①好… Ⅱ . ① P… Ⅲ . ①住宅 – 室内装饰设计
Ⅳ . ① TU241

中国国家版本馆 CIP 数据核字 (2023) 第 098731 号

好想住这样的家　营造适合国人的舒适居住空间

编　　　著	PChouse 太平洋家居网
项 目 策 划	高　申
责 任 编 辑	赵　研　刘屹立
特 约 编 辑	高　申

出 版 发 行	江苏凤凰科学技术出版社
出版社地址	南京市湖南路 1 号 A 楼，邮编：210009
出版社网址	http://www.pspress.cn
总 经 销	天津凤凰空间文化传媒有限公司
总经销网址	http://www.ifengspace.cn
印　　　刷	北京博海升彩色印刷有限公司

开　　　本	710 mm×1 000 mm　1 / 16
印　　　张	11
字　　　数	88 000
版　　　次	2023 年 6 月第 1 版
印　　　次	2023 年 6 月第 1 次印刷

标 准 书 号	ISBN　978-7-5713-3603-5
定　　　价	78.00 元

图书如有印装质量问题，可随时向销售部调换（电话：022-87893668）。

前言

近几年，随着社会经济的发展和物质生活水平的提高，居民对教育、娱乐等方面的关注度不断提高，不仅在更深层次上激活了新需求，同时也让人们对生活、生活方式以及对生活的家有了新的思考和审视。

如今，"家"的意义也变得愈发多样。建筑大师柯布西耶说过："人们来到城市，是为了更理想地生活。""家"对于当下的人们而言，不再只是遮风挡雨的栖居地，更承载着他们对美好生活品质的向往和追求。

今天，人们越来越关注生活的品质、居住的乐趣。为了探讨在多元化消费形态下，大众在家居消费方面呈现的全新趋势与需求，找到不同生活方式下人们享受生活的空间形态，看到在这个时代里人们对居住品质、对生活、对美的追求，PChouse 太平洋家居网携手十多位行业顶级名师，并联合超百位精英设计师以及设计机构参与制作，立足并聚焦于当代中国家庭生活空间，展开了面向未来的家居生活趋势研究。此举旨在通过对全网大数据的分析与对真实案例样本的解读，洞察不同消费群体的需求和市场趋势，用数据解读生活方式的差异，从不同视角展现当下的多彩生活。

PChouse 太平洋家居网

目录

第 3 章　7 个美好家的设计，发现居住新乐趣

第 1 章　家装消费升级趋势洞察

在这个消费多元化、消费主力年轻化的时代里，人们的生活方式在不断迭代渐进。多元化、个性化与高品质化的消费也催生了居住形态和生活观念的变革，人们对家居消费的需求逐渐从价格向品质转变。或许有时候人们会从空间大小、装修造价去评判一个家庭空间，但我们始终相信，在关乎生活本身的道路上，住宅空间的意义更与舒适、用心、表达自我息息相关。

第 **1** 节 　**人群画像：持续升级的家居需求**

　　生活不止有一种标准，作为生活容器的居住空间，同样也不会被一种固定的模式所限定。我们通过对全网大数据的筛选提炼，并联合上百位精英设计师和设计机构发起调研，对调研结果进行深入分析，洞察新消费主义时代下业主人群的家居消费特征，进而发现尽管他们在年龄、预算、户型、房屋面积、装修类型、人口构成、居住条件等方面存在差异，但是对美好品质生活的向往和追求却呈现出一致性。

1　"80后"和"90后"成为家装消费主力军，更愿意为品质生活付费

　　调研显示，"80后"是装修的主流人群，占64.35%；"90后"作为家装市场的新势力，则占29.57%。"80后"和"90后"人群构成了新消费主义时代下的社会中坚力量，他们崇尚精致与品质，追求更高的生活质量，同时也具有良好的经济条件来满足对品质生活的追求。从装修预算上看，六成业主的装修预算在50万元以上。越来越多的年轻人愿意为了提升生活品质去好好设计、装修自己的家，他们希望家能够更好地满足各种生活需求，并为家人带来美好的生活体验。

各装修群体及占比

人群	所占比例	
"80 后"		64.35%
"90 后"		29.57%
"70 后"		4.35%
"60 后"		1.73%
"50 后"		0.00%

数据来源：PChouse2022 家居生活趋势调研问卷

装修预算数据

装修预算	所占比例	
50 万~100 万元		40.87%
30 万~50 万元		34.78%
100 万元以上		18.26%
10 万~30 万元		3.48%
5 万~10 万元		1.74%
5 万元以内		0.87%

数据来源：PChouse2022 家居生活趋势调研问卷

在本次调研里，三口之家和四口之家的占比超过五成，这意味着他们对居住环境的需求更倾向于多样化，会综合考虑孩子及不同年龄群体在同一居住环境下的个性化需求。

家庭人口结构

家庭人口结构	所占比例	
三口 / 四口之家		56.99%
夫妻 / 情侣二人世界		17.62%
三代同堂		10.22%
一人独居		7.40%
与父母同住		5.70%
其他		2.07%

数据来源：PChouse2022 家居生活趋势调研问卷

扫码观看，一镜到底

以奶油色为基调，挑高的客厅开
阔大气。一整面落地窗带来通透
的采光，阳光透过纱帘洒入，多
了几分朦胧感

图片来源：观白设计工作室

扫码观看，一镜到底

客厅中的滑梯装置，外形如乳酪
般布满圆洞的镂空设计，留给了
孩子无尽的探索空间。下方的格
子用于储物，收纳绘本和玩具

图片来源：武汉逅屋一舍室内设计

2 新房装修仍占主导，人们对美好生活的追求促使老房改造需求增长

随着中国城市化进程持续加深，购置新房进行装修的人群仍处于家装市场的主力地位，在本次调研中占比61.86%。近几年来随着国家精装房政策的推广，不少一线、二线城市精装房普及率逐步提高，因此也催生了越来越多的精装房改造需求，但其并未真正占据主流市场，占比14.88%。

一方面，一线城市消费者受房价、通行等多方面因素的影响，相比其他城市，会有更多人选择老房改造；另一方面，随着家居消费升级和生活方式的转变，人们对提升居住环境和生活品质的需求日益增长。早期修建的住宅，无论是功能分区的规划，还是已经陈旧老化的设备和装修，都已无法满足当下多元化的生活需求，因此老房改造的需求量不断扩大，占比20%。

装修需求类型

装修需求	所占比例	
新房装修		61.86%
老房改造		20.00%
精装房改造		14.88%
其他		2.79%
出租房改造		0.47%

数据来源：PChouse2022家居生活趋势调研问卷

在装修、设计服务的选择上，超过七成业主选择包含施工的全案定制设计，这说明越来越多的装修用户愿意为设计付费。受时间和精力的限制，人们也更愿意享受全包式服务带来的省心、省时、省力的效果，因此个性化、定制化的一站式全案定制设计在消费升级的浪潮下备受追捧。

设计服务选择偏好

设计服务选择	所占比例	
全案定制设计（含施工）		73.95%
全案定制设计（不含施工）		20.85%
硬装设计方案		5.20%
其他		0.00%

数据来源：PChouse2022家居生活趋势调研问卷

将光线最佳的窗台扩宽，打造成一个明亮舒适的休闲区，营造出一个令人放松的空间。斜顶处理是空间更富有层次感与设计感

图片来源：引日空间设计
设计师：姚爱英

扫码观看，一镜到底

客厅以明朗活泼的配色为主，墙面以米白和复古绿做半墙的搭配，并使用了大量暖色调软装，黄与绿的配色碰撞融合，格子地毯和木制家具元素，既丰富了空间的层次，又营造出浓烈的自然气息

图片来源：蓝山设计

3 大平层或成为未来几年的主流趋势

在本次调研中，房屋面积在 120 m² 以上和大平层的户型为主流趋势。集功能"扁平化"、生活"私密化"、室内空间"家庭化"优势于一体的大平层住宅，能够在一个扁平空间里集合家居生活的所有功能，最大化提高空间利用率，给居住者带来全方位的享受。在具备开放性的同时，又能保障家庭成员各自活动的私密性，家装设计受限少，为设计带来无限可能。

不同户型占比

户型情况	所占比例	
大平层		57.39%
其他		12.17%
别墅		11.30%
公寓		9.57%
复式		9.57%

数据来源：PChouse2022 家居生活趋势调研问卷

不同房屋面积

房屋面积	所占比例	
120 ~ 150 m²		38.26%
150 ~ 250 m²		32.17%
250 m² 以上		13.91%
90 ~ 120 m²		12.18%
60 ~ 90 m²		3.48%

数据来源：PChouse2022 家居生活趋势调研问卷

黑白灰极简的空间中跃出一抹明晰的黄色，随着阳光逐渐洒落，室内愈发清简而开阔

图片来源：深圳漾设计

第2节 趋势洞察：新时代的新住宅

文艺复兴时期的人文主义者莱昂·巴蒂斯塔·阿尔伯蒂（Leon Battista Alberti）说过："城市是大的家，家是小的城市。"家不仅是直接体现生活风貌的所在，同时也可以被视为一座城市风貌、城市人文的缩影，更承载了当下与未来生活的联结。

若回溯十年前、十五年前的住宅设计，势必与今日的概念相去甚远，即便是距离今日并不算遥远的五年前，我们都还在经历另一波对于住宅设计的矫枉过正或盲目追逐的浪潮，而这些都是住宅设计逐步走向成熟的必经之路。对于设计师而言，设计一套房子，看似是一种对他人住宅空间呈现的助力，实际上，则是在经历一个读懂一个家庭、一种生活方式以及一个时代社会风貌的过程，这是设计本身对生活的成就。

在崇尚居住升级的时代里，优秀的设计师们都在探索、发掘居住空间里可以延展的、更有突破的可能性，力求在满足居住者身心需求的同时，引领一种更前沿的居住风潮。

那么我们现在讨论的住宅跟过去五年、十年的住宅有什么不一样？又该如何定义新住宅？现在住宅的"新"应该具备哪些特质？我们访问了几位知名设计师，听听他们如何从各自不同的专业角度和视野，来回答时代和行业的叩问。

孙建亚

亚邑设计
创始人 / 设计总监

● "我认为新住宅的设计不只指的是新的层面，不只是新材料、高科技的使用和更新换代，更多的是如今我们从心理层面对于住宅需求的改变。比如我们会花更多的时间在家里，因此会把外界的需求融入家中，那么如何让更加丰富多样的生活需求在家中得以解决，以及回到家中是否能够如同度假休闲般放松下来，这些都是我们要去思考的问题。"

郑东贤

PLAT ASIA
联合创始人 /
主持建筑师

● "我们对住宅空间的需求，在这个时代已经发生了很大变化。现在很多人不会在住宅空间里做过多的装饰，而是给一些留白，用来满足精神层面的需求。所以，现代的新住宅，很可能是回到原始状态的、更贴近人的感知的住宅。"

青山周平

B.L.U.E. 建筑设计事务所
联合创始人 / 主持建筑师

● "我觉得五年前、十年前的住宅设计可能更多的是关注看得见的部分，即用眼睛可以感知的部分，比如整体的造型，以及采用的装饰材料所带来的视觉效果；而近几年来，我发现越来越多的住宅设计更多的是关注看不见的部分，比如整体的体验感、空间里人与人之间的互动交流，还有触摸材料时的触觉，以及人在空间里对空气、光线、温度的感受等。

其实这些不只是通过我们的视觉、触觉感知到的，它们是身体综合感受到的空间质感。因此，当下新住宅中的'新'，更多的是体现了人们看不见的这部分的居住体验。"

杨焕生

YHS DESIGN 设计事业
执行总监

● "过去的住宅一直在体现业主的基本需求、个人品位，以及过往的一些流行符号。现今的住宅其实已经在悄悄地改变，更多的是注重生活的部分，比如对生活的态度，或者是融合了人与人、人与自然在空间中的互动模式。所以当前的住宅是一个更多元、更多样的与空间融合、贯通的结果，这是我认为的新、旧住宅之间非常大的差异。"

张海华

Z+H 仁海设计
主理人

"对于新住宅的定义，我的个人理解是简空间、大世界。'简'既是当下人生活方式的缩影，比如'打开一部手机便知天下事'，又是中国人所推崇的'大道至简''简生万物'观点的体现。对住宅空间而言，'新住宅'表现为用质朴的设计手法、以低调的方式构筑空间，达成与自然的和谐共融，由此包容更多元的文化，获得更广阔的世界和无尽的想象，即'大世界'。"

李益中

李益中空间设计
创始人 / 总设计师

"我们将定义新住宅、重塑新住宅，我希望这个'新'是在满足安全要求的情况下，空间更加自由与开放，能够促进家人之间更多的互动与交流，同时能够更加彰显时代气息，引领全新的生活方式。"

陈暄

十上建筑设计事务所
创始人
中央美术学院
建筑学博士

"旧的住宅其实注重的是一种视觉体验；新住宅强调的是一种互动跟使用属性，是人对于空间的使用，是人与人、人与空间的互动。我认为当下的设计是一种任性的设计，让它体现'新'的部分，更突显自己的个性、自己的需求，这是我认为的在这个层面上'新'与'旧'的不同。"

潘冉

名谷设计机构
创始人

"过去的住宅，我们讨论更多的是如何解决舒适性、私密性的问题；现在讨论更多的反而是开放性。开放性并不是舍弃掉私密的部分，而是更关注户外景观和室内的关系，更在意自然光线的采集以及视线的互通，更在意开放性空间和科技与自然相结合之后带给我们的居住感受。

其中'新'可以理解为我们对生活的需求，以及我们需要什么样的状态。我们创造新的物体、新的空间、新的生活方式来满足当下的需要。'旧'可以理解为一件旧家具、一个老物件，可以实现我们对某一个时代的回忆。所以，居住不单是物质的，它同样是一个情感世界，'新'和'旧'代表了不同的未来，我们可以把它们糅合在一起，成为当下的一种生活方式。我们经常会追忆过去，那么为什么要活在当下呢？就是因为我们对过去念念不忘，我们是有情感的。有了情感，家才有了它最动人的样子。"

第2章 家居生活七大潮流趋势

　　一个家记录着一种生活，每一个风格各异的家展现出的人间百态，都是当代中国家庭的生活缩影。我们联合上百个精英设计师以及设计机构发起调研，洞察其背后链接的超过 4 500 个中国家庭范本。透过一个个风格各异的家，以及在这些迥异却美好的家背后所展现出的多彩生活和设计者们的巧思创想，来探讨每个家庭的居住生活方式，了解它之所以如此呈现的故事，最后分析总结出中国家居生活发展的七大潮流趋势。

第 1 节　在一起：创造更多家人交流共处的场景

如今人们的生活越来越离不开互联网，甚至网络流传的现代版"马斯洛需求层次理论"认为，底层"生理需求"下面，应该再加一项"Wi-Fi 需求"。据北京贵士信息科技有限公司（QuestMobile）数据显示，2021 年 6 月中国移动互联网用户规模达到历史最高值 11.64亿人，同比净增 962 万人，整体趋向稳定，移动社交、移动视频、移动购物的活跃渗透率均在 90% 以上。

单位：亿人

净增 1 761 万人　　　净增 962 万人

2019年6月	2019年9月	2019年12月	2020年3月	2020年6月	2020年9月	2020年12月	2021年3月	2021年6月
11.36	11.33	11.39	11.56	11.54	11.53	11.58	11.62	11.64

中国移动互联网月活跃用户规模　　　数据来源：QuestMobile《中国移动互联网 2021 半年大报告》

移动互联网的飞速发展，一方面给人们的生活带来巨大的便利，另一方面却也淡化了人与人之间的联系。从下述报告可以看到，"移动社交"的活跃渗透率接近 100%，人与人之间的联系越来越多地集中于虚拟网络。

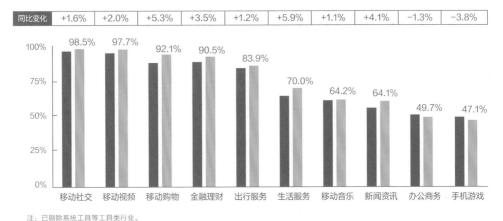

中国移动互联网一级行业活跃渗透率前十名　　　　　数据来源：QuestMobile　《中国移动互联网 2021 半年大报告》

在这样的大环境下，家庭关系也在悄然发生着变化。一家人从过去聚集在客厅这样的社交娱乐、共享空间中一起看电视，逐渐演变为回到自己的小空间，沉迷于各自的手机等电子产品构建的虚拟网络，而与家庭成员互不打扰了。可以说，移动设备体现出的个体性逐渐割裂了家庭成员之间的纽带。

如今人们越来越重视家庭生活，待在家里的时间逐渐变长，有了更多的时间与家人相聚共处。这促使人们开始重新审视自己的生活和与家人间的关系，对家的更多功能和生活方式有了新的思考和定义。对于家庭情感的重视与回归，逐渐成为近年来家居设计诉求的重要改变。毕竟生活在一起、相聚在一起，分享彼此的心情，这种感觉才是家。

同样地，家居设计领域也发生了明显的改变和进阶。住宅设计从五年、十年前注重房屋的整体造型、外观效果的呈现，到如今更关注居住者生活质感和居住体验的建设。以居住者为中心的设计思路的转变，正是当下新住宅中"新"的体现。

设计师有话说 ▶ 近一年的设计案例中，有哪些社交化的场景设计，来增进家人之间的交流共处？

客厅去掉电视机，增加阅读空间

LDK 一体化空间提升空间感，改善通风采光

打造功能复合式空间，采用围合式布局，尽量保持视线通透

采用智能影音系统和灯光模式，可以根据家庭氛围进行场景切换

做成开放式，或洄游动线形式的空间，增进家庭交流

大餐桌的使用，既可办公、学习，又可做手工、烘焙

设计开放式厨房以及多功能活动室

开放式厨房、无电视机客厅更偏向起居室的概念

开放式厨房、吧台、大餐桌、围合式客厅的场景设计

创造多变空间，可以多维度转换功能

客厅不要沙发、茶几，用大书桌代替

越来越重视空间的流通性和互联性

洄游动线搭配多面可坐沙发，在每个方向都可以和家人对话

数据来源：PChouse2022 家居生活趋势调研问卷

1 围合式客厅：
从"人面对电视机"到"人面对人"的回归

过去，客厅承载着会客、展示家庭成员兴趣或财富的重要功能，布局上以大沙发加茶几为主，比较正式、规整。而如今，客厅的会客功能逐渐弱化，客厅功能转变成以生活、兴趣为中心，更注重家人之间的互动共处。

随着生活方式的演变，以及移动互联网对生活的冲击，当代家庭的客厅正在打破以大沙发加大茶几加电视机为核心的传统格局，更倾向于利用沙发、各式椅子、坐垫、懒人豆袋等家具和物件形成围合式布局，以人为核心而不再以电视机为焦点。家人、朋友围合而坐，中间再摆放一个轻便的茶几，无论是闲谈、喝茶，还是聚会、娱乐，都能面对面顺畅交流沟通，营造温馨愉悦的家庭氛围。从"人面对电视机"到"人面对人"的变化，体现了当下对于家庭的重视和回归。

半围合式沙发布局，一家人可以坐在一起聊天，增加互动和亲密性。隐形电视柜加壁炉的设计更是打破了传统客厅设计的模式

图片来源：合肥 1890 设计

设计师：夏承龙

围合式客厅，不再以电视影音为公共区的核心而设计。
　　　　——开物营造研究室

现在私人住宅的客厅用大茶几的比较少，可以将空间做成开放式或者洄游动线的形式，增进家庭成员之间的交流。
　　　　——JORYA 玖雅

开放式一体化设计的客厅给予家庭成员一个较大的交流场所。三代同堂相聚一起，聊聊家常，倾诉心事。这里容纳所有的温暖与欢愉，温柔刻画的细节，让每一平方米都充满温度

图片来源：涵瑜设计

2 开放／半开放式厨房：家人共聚的美食时光

LDK 开放式格局，即起居室（Living Room）、餐厅（Dining Room）、厨房（Kitchen）三者相结合的形式，是近年流行的一种形式。84.70% 的家庭选择将客厅、餐厅和厨房打通连成一体。减少了墙面的隔断后，开阔的空间看起来更加宽敞、明亮、通透。

不过 LDK 设计的背后也隐藏着一系列问题，比如对于大部分中国家庭来说，油烟问题是开放式厨房最大的困扰。对此，可以换一款吸力强劲的抽油烟机，同时注意通风，或改善自己的烹饪方式；另外，也有 27.04% 的家庭选择中西分厨，或用玻璃门／窗隔断形成半开放式厨房（占比 18.37%），既兼顾开放式厨房的社交属性，又解决中式菜系的油烟困扰，隔而不断，成为更适合中国家庭的餐厨设计格局。

LDK 开放式格局

正在成为一种生活方式

客、餐厅和厨房打通连成一体

占比 **84.70%**

厨房设计类型

厨房设计类型	所占比例	
开放式厨房、LDK 设计		39.29%
中西分厨（中厨封闭、西厨开放）		27.04%
半开方式厨房，用玻璃门／窗隔断		18.37%
嵌入式厨电设计		12.76%
封闭式厨房		2.04%
其他		0.50%

数据来源：PChouse2022 家居生活趋势调研问卷

更重要的是，厨房不再是一个人关起门来单打独斗的小天地，而是融入整体家居之中，形成一个开放的生活空间。在烹饪美食的时候，无论家人在餐厅还是客厅，都能进行沟通交流；对于有孩子的家庭，也能边做饭边照看孩子，随时关注孩子的一举一动。

开放式厨房使动线更加灵活，与客厅连通，方便家人间的沟通交流；而嵌入式收纳更是将厨房打造成高效的实用空间

图片来源：禾景装饰－大陈设计

设计师：陈静

开放式厨房表面上打掉的是客厅与厨房间的隔墙，实则打掉的是家人之间情感交流的“隔墙”，从而创造出更多家人互动交流的场景，让一家人闲暇时共处于同一空间，营造出温馨而具有烟火气的生活氛围。调研结果显示，在关于“如何通过社交化场景设计来增进家人间的交流共处”的问题上，“开放式”“厨房”“客厅”“LDK”等词语是回答中出现最为高频的字眼。

如何通过社交化场景设计来增进家人间的交流共处？

▶调研结果中的高频字眼◀

空间
交流
互动
开放式
吧台
动线
客厅
家庭
亲子
影音
LDK
厨房
多功能
增进
设计
无电视机
手工
餐厅
阅读
餐桌
围合式

数据来源：PChouse2022家居生活趋势调研问卷

客厅和餐厅没有明显的区分，可以根据家庭成员的需求应对不同的变化，增进家人之间的交流共处。

——廖丁樱

成都亦舍设计

LDK解决方案日渐受到用户青睐，我们尽可能减少传统公共区域的遮挡以增进亲朋好友间的互动。

——吴犇

九木十方室内设计事务所

餐厅与厨房既可合为一个整体也可各自独立，两者之间是可敞开、可关闭的隐藏式透明移动门。移动门的缓慢推拉产生出绵绵不绝的流动感，声音也好，空气也罢，都在缓缓地传送，于是家中的气氛也会变得和谐融洽

图片来源：山止川行设计

定制的一体式餐桌与岛台，配合后面整排的高柜形成一个完整的西厨区域。这样可以实现平时所有无油烟的料理操作，使餐厅的功能更加完整、全面，也将中式厨房与西式厨房的作用区分开

图片来源：王中玮设计工作室
设计师：王中玮

3 | 亲子空间：与孩子分享公共空间

　　2021年5月，国家进一步优化生育政策，我国正式迈入三孩时代，未来将会有更多三口、四口之家跃升为五口之家。据第七次全国人口普查数据显示，我国0~14岁人口为2.53亿人，占比17.95%，较十年前上升了1.35%。儿童人口规模的持续增长，为国内亲子相关的消费市场创造了巨大的持续增长空间，比如亲子游、亲子餐厅、亲子穿搭、亲子娱乐等，而亲子家居设计亦成为重要的板块。

全国人口年龄构成

单位：亿人

年龄	人口数量	所占比例
总计	14.117 787 14	100.00%
0~14岁	2.533 839 38	17.95%
15~59岁	8.943 760 20	63.35%
60岁及以上	2.640 187 66	18.70%

注：其中65岁及以上人口数为1.906 352 80亿人，所占比例13.50%。

数据来源：国家统计局 《第七次全国人口普查公报》

　　与上一代"多生一孩不过多一张嘴吃饭"的养育观念不同的是，以"80后"和"90后"为主流的新一代父母更多地把关注点放在"如何为孩子提供更好的生活质量，打造更好的成长环境"层面上来。

从住宅的亲子属性方面，也能明显感受到这种差异化。过去，不少家庭对亲子空间的理解仅仅局限在儿童房上。但孩子活动、娱乐的场所又不只是儿童房，公共空间也很重要。

一方面，随着对孩子独立人格培养的日益重视，人们越来越关注孩子作为独立个体的个性化需求；另一方面，更多父母注意到原生家庭、父母与孩子亲密关系的建立、家庭教育以及情感交流等方面对孩子成长的重要影响，如何在家居中共建父母与孩子更多的交流场景成为越来越多家长关注的重点。

将阳台空间纳入客餐厅，成为孩子的玩耍区，为孩子创造一个良好的成长、玩耍、互动的环境
图片来源：拾光悠然设计

调研结果显示，亲子空间以及与孩子玩耍、互动的空间，是当下有孩家庭在升级设计需求中较为关注的部分。作为大人与小孩共同成长的空间，87.83% 的家庭会利用家里的公共区域、空闲的角落来打造适合父母与孩子一同玩乐、成长的亲子空间，既让孩子有了作为小主人被尊重、被平等对待的完整居家生活体验，也让父母与孩子在家中拥有了更多共处交流的场景和机会。父母永远是孩子人生中的第一任老师，让孩子在爱与尊重的家居氛围下长大，对其未来完整人格的建立有着十分有利的影响。

关于"除儿童房外，是否有规划其他亲子活动空间"的调查结果

规划与否	所占比例	
有		87.83%
没有		9.56%
其他		2.61%

87.83%

有孩家庭打造亲子空间

数据来源：PChouse2022家居生活趋势调研问卷

三孩时代到来，您对于家居设计中的亲子空间有了哪些新的需求？

▶ 调研结果中的高频字眼 ◀

数据来源：PChouse2022家居生活趋势调研问卷

会更强调空间的成长性

室内游乐区大概是未来的一个发展方向

三孩时代，亲子空间需要满足三个孩子的玩耍需求，需要更具多样性

更注重亲子的阅读和玩耍区

"三孩"政策开放，孩子越来越多，怎样去平衡空间里的物品收纳很重要

更多地会考虑空间在小孩年龄变化中的可变性，客厅等大空间更加注重亲子的设计

关注居住的人口数量和家庭生活习惯，还有家庭对于未来的计划、多元化和包容性，以及空间的可持续性

会单独留出亲子活动的空间而非多功能区域

灵活、可变的空间能够在不置换房产的情况下，为家里的新成员提供专属空间

亲子互动空间越来越被重视

更多地保留开放式或者可变化的空间，以应对不同的家庭需求

更加注重空间设计，要以儿童的生活、学习为中心，并考虑空间的可变性

将儿童活动区域扩大，客厅更多的是用来亲子互动

对于原本的公共空间，增强其亲子互动的灵活性，专门打造一个娱乐互动空间

复合空间的增加、动线规划以及收纳功能

复合式多功能空间更受人青睐，可根据未来家庭人口结构进行调整

环保永远是第一位要考虑的。对于收纳要求很高，而且会做出很多变化的功能，满足可变性

数据来源：PChouse2022 家居生活趋势调研问卷

当下家居设计在亲子空间的打造方面，普遍更关注居家环境对小朋友的影响，重视亲子互动在空间中的多元化表达。

——陈欢
IDEAL-DESIGN 七间设计

人们更注重儿童家居审美的启蒙培养，更关注儿童幼年时期的记忆。所以在设计中会更注重亲子区的体现，对于色彩的构成、环保需求的体现都比较明显。

——开物营造研究室

亲子空间的打造需要考虑辅导功课的区域、一起读书的区域、一起玩耍搭积木的区域，应该设想为一种空间共享的方式。还有就是儿童房的设计，比如采用高低床的方式或者几个房间能够互相连通，既能保证独立性，又能保证贯通性。

——盛晓阳
南京会筑设计

橡木格栅围合楼梯区域，使楼梯立面看起来更加整体，但又保证了视线的穿透，弧形门洞的加入给整个楼梯底部空间带来更多趣味

图片来源：吾隅设计

客厅中看似"鸡肋"的楼梯下部异型空间，经改造，用定制的橡木格栅围合成不同形状门洞串联的楼梯底部空间，成为孩子的玩乐和阅读的宝藏空间

图片来源：吾隅设计

把客厅前方八角窗的位置改造成
多功能复合起居室，榻榻米区域
成为孩子们玩乐打闹的小天地，
小滑梯也增添了不少趣味

图片来源：境屿空间设计

精简生活：简是生活方式，精是生活品质

在这个信息爆炸、快速发展的快节奏时代里，人们需要面对、想要追求的东西太多了，生活也因此变得繁杂、浮躁。近年来，人们逐渐意识到：真正的高品质生活，不在于拥有多少，而在于回归自我。同时，随着极简主义风潮风靡全球，人们对于审美的追求回归于内心，抛弃外在繁复的装饰，更注重心灵的真实需求和舒适的居住感受。但如今人们崇尚的断舍离生活观念、极简生活态度并非代表一种降低生活质量的生活方式，而是重新审视自己真实的需求，本质目的是提高生活品质，用精简的物品换来更高效、更舒适的生活体验。

设计师有话说 ▶ 当下流行的极简趋势具体体现在哪些方面？

无踢脚线设计、隐形门或者隐框门、线性灯光、暗藏轨道、墙地一体、悬浮柜等

无主灯设计、线性灯光、简单的几何形状，以及材质收口的简单化和精细化

硬装的精简化和软装的款式及质感

当下极简趋势发生变化，硬装会越做越少，软装的投入会越来越多。比如从大面积石材或岩板的铺贴，向大白墙的转变。业主意愿花更多的资金在全屋软装的搭配上，使之个性化、品质化、多样化

对工艺的严谨、对生活的克制、对自身的约束

为生活做更多的减法

亲近自然、质朴、艺术

功能齐全、造型极简、工艺细节考究

柜体及墙面设计整齐划一，材质更为统一、色调统一，家具软装有所简化

收纳功能的合理化，风格的个性化、去装饰化，格调归于自然、温暖

去装饰化，不为了装饰而装饰

除了风格，人的生活习惯是否真的达到极简也很重要。极简强调干净，对于业主来说让家保持干净也是一件非常难得的事情

体现在业主的审美喜好，看过太多过度的设计后，喜欢简单线条带来的美感，这种美感不会让你疲乏

无缝饰面材料（微水泥等）；封闭收纳，强调整体性；极简设计感

生活的便利、功能的简单

不仅仅是设计硬装造型上极简，还有我们的生活和对功能的需求也变得简单化，储物方便，空间易打理，电器更加智能化

不追求过度的装饰和造型

数据来源：PChouse2022 家居生活趋势调研问卷

当下的极简趋势具体体现在对于收纳的需求、对于整洁的需求、对于空间尺度的需求。

——夏承龙
合肥 1890 设计

如今流行的极简趋势更像是这个时代的人们对于生活的反思和追求。现在人们的经济条件相对更好，所以更愿意选择有品质的东西。但是生活节奏的加快，让人们更喜欢简约和智能的家居设计。

——廖丁樱
成都亦舍设计

1 极简、简约风格流行背后的本质，是人们对生活本质的回归

以"80后"和"90后"为主流的家装人群，在住宅的审美风格上与上一代家装人群有着明显的差异。过去，家居设计更注重形式主义的设计、流行符号的叠加，追求装饰带来的视觉效果，本质上是一种对外的或对财富的展现；如今，越来越多的人更愿意回归生活本质，更注重内心的选择，体现功能性、视觉美感、舒适性和个性化的空间，才是他们所追求的。

因此，在装修风格的选择上，极简风格（占比22.99%）和现代简约风格（占比17.31%）更受当代人追捧。极简风格强调空间的单纯性，去掉多余的装饰，将空间简化到光线、墙体，形成空间的流动和不同层次的穿透性，让居住者可以在这样的环境中得到彻底的放松，以简洁的居住空间换取专注的精神空间。这也正契合了如今大家所推崇的"为生活做减法""回归本我"的家居生活态度。

除极简风格、现代简约风格外，在这个个性张扬、混搭成风的时代，所有风格的限制都可以被打破，这代年轻人拒绝固定的模板式装修和千篇一律的审美风格，更希望家不被所谓的风格"绑架"，而是自我审美认知和个性的体现，所以混搭型风格（占比11.04%）乃至去风格设计（占比10.45%）也备受当代人青睐。

装修风格偏好

风格	所占比例
极简风格	22.99%
现代简约风格	17.31%
混搭型风格	11.04%
去风格设计	10.45%
侘寂风格	8.36%
轻奢风格	8.06%
日式风格	6.57%
北欧风格	5.97%
新中式风格	3.28%
法式风格	2.99%
美式风格	1.49%
其他	0.59%
欧式风格	0.30%
地中海风格	0.30%
新古典风格	0.30%
东南亚风格	0.00%

注：此题为多选题。

数据来源：PChouse2022家居生活趋势调研问卷

如今装饰主义越来越少，更偏向空间解构。

——李挺
易品大宅设计事务所

极简在于整个空间看上去很干净清爽，而功能和细节非常完美。

—— 一野设计

当下的人们更希望通过简洁的视觉达成更快捷、更高效的居家体验。

——陈欢
IDEAL-DESIGN 七间设计

从某种固定的风格到去风格设计，年轻一代业主更注重从需求出发。

——FG 空间设计

业主偏爱意式极简风格，整洁的空间结合实用的功能设计，成就家的舒适。超大落地窗、大面积的留白让住宅清爽通透，高级灰的进口软装则进一步烘托空间质感

图片来源：赫设计

极简的设计创造一种安静的心灵
栖居，给人无限的遐想。家具选
择时尚简约的款式，透明玻璃茶
几让空间显得更加宽敞明亮

图片来源：目申设计

2　简约不代表将就，生活品质才是最终诉求

简约风格不代表简单的装修，反而是对工艺和品质更高的追求。极简主义风格的精髓不是缺失，而是精致。真正的极简家居讲究的是将设计的元素、色彩、原料进行简化，摒弃无用、浮夸的装饰，以极致的工艺精神成就简单纯粹的家居，以简胜繁，简生万物。当下极简风格的流行，也反映了人们对精致生活的追求，以及对居住品质的越发重视。

过去，人们对物质生活的要求是从无到有、从少到多；如今，在"有"和"多"的基础上更加讲究品质、品位。年轻一代的消费形态逐渐从必需型消费向发展型消费、美好型消费转变。以"90后"为主力的年轻一代消费群体在家居消费中不再将就，据《2020影响中国家居生活方式趋势报告》显示，设计颜值（占比45.4%）、品质至上（占比43.4%）、细节考究（占比36.7%）是他们在家居消费中首要关注的三大关键词，超七成受访者愿意为做工精致、高颜值、高品质的家居产品买单。

在"悦己经济"兴起的当下，对精致美好生活的追求，也体现出他们更愿意为愉悦心情、满足精神需求付费，更加追求内在的享受。比如，有人会为设计精美、味道好闻的香薰付钱，希望回到家能够沉浸在自己喜欢的味道里；有人会为外观漂亮的餐具支付很高的价格，给一日三餐增添精致的仪式感。他们追求的不仅是消费品的物质价值，还有高品质产品带来的精神层面的愉悦感。

但当代年轻人追求的精致不同于过去为了彰显自我的奢靡主义消费，"只买对的，不买贵的"是崇尚理性消费、节俭主义的当代青年所信奉的原则。他们不求形式，更加注重生活感受，在不降低生活品质的同时，追求最优性价比。

 **设计颜值 45.4%**　　 **品质至上 43.4%**　　**细节考究 36.7%**

新生代的消费观念升级，
超七成
受访者在家居消费时关注
产品做工、颜值、品质

新生代定义精致家居的三大关键词

你愿意为做工精致、高颜值、高品质的家居产品消费吗？
（"80 后""90 后"及"00 后"新生代）

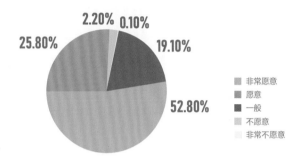

- 非常愿意
- 愿意
- 一般
- 不愿意
- 非常不愿意

2.20%　0.10%
25.80%　19.10%
52.80%

数据来源：家居生活榜和优居　《2020 影响中国家居生活方式趋势报告》

越来越多的年轻人更喜欢简约的空间，从追逐潮流到追求个性，从注重功能到注重美学的表达。

——璞珥空间设计

硬装上的极简其实比呈现出的"简"要更繁琐，在施工工艺和设计细节上需要更繁复的思考和推敲才能体现出"极简"的感觉，软装的尺度感更能带来整体效果的提升。

——任云龙
云龙空间设计

移动互联网的发展对家居行业和居住群体影响较大，最主要的是从单一的风格需求，到对材质细节、色彩搭配、单品风格、品牌和灯光等方面更为具体细化的需求。

——开物营造研究室

家居风格由最开始的简单，进化成了各种风格，现在慢慢又回归到简单但很有质感的空间环境。

——罗旋
武汉邦辰设计

设计师以温润圆滑的弧形改造空间，简约之中透露着一种特别的格调。百叶窗帘、椭圆形石材台面的餐桌、球形吊灯、弧形餐椅，每一处细节的设计都是对品质生活的追求

图片来源：重庆研舍设计

生活需要仪式感，设计师运用色彩的碰撞、有设计感的造型，打造沉浸式假日氛围。铺上红色的桌旗，再装点一棵圣诞树，搭配圣诞袜、鲜花等各种小装饰，圣诞节的气息扑面而来。一家人舒服地窝在沙发上，围着暖暖的壁炉，看着电视，摇曳的灯光为这寒冷的冬日制造了一些小浪漫，温暖了整个冬季

图片来源：K-ONE 设计

3 "颜值经济"兴起，好看是消费的基本要求

在本次调研中，"颜值"早已成为人们在家居设计和家居产品选购时的第三大因素，占比 13.33%。

都说"始于颜值、陷于才华、忠于品质"，这不仅适用于人，也适用于家居设计和家居消费产品。在如今的消费观念里，好看并不是唯一的条件，而是基本要求。除此之外，消费者更注重功能性、体验感、品质、质感等，虽然他们愿意为高颜值支付更高的价格，但产品本身的品质和体验感才是最终令其心仪（复购和推荐）的重要因素。这点在本次调研中也得到了印证，品质占比最高，为 18.89%；其次是体验感，占比 15.00%。

可以说"颜值经济"的兴起，不仅是消费者认知能力和审美情趣不断提高的表现，也反映了居住者对高质量生活的强烈追求，更是对消费群体年轻化、生活美学商业化、消费升级等大趋势的充分体现。

选择家居产品及装修设计时最看重的因素

因素	所占比例	
品质		18.89%
体验感		15.00%
颜值		13.33%
环保性		10.56%
个性化表达		7.22%
设计潮流		6.11%
性价比		5.00%
智能化		5.00%
细节考究		5.00%
艺术特色		5.00%
豪装风格搭配		4.44%
易清洁打理		3.89%
其他		0.56%
彰显身份		0.00%

注：此题为多选题。

数据来源：PChouse2022 家居生活趋势调研问卷

设计采用了具有延伸感的玻璃砖，精致而有品
位，满足空间环境中感性与理性并存的需求。
充足的采光为室内带来返璞归真的美感，能够
在良好的气氛下营造出透亮、洁净的视觉感受

图片来源：6 度室内设计

大理石壁炉本身的意义可能并不在于采暖，而是作为烘托温馨氛围的家居装饰而存在。柔软且有型的皮质沙发可以让居室多几丝干练，不慌不忙的感觉刚刚好

图片来源：凡尘壹品设计

4 收纳表面上是对物品的整理，实则是对生活的重新审视

生活中的极简主义，同时也体现在主人对待家具、对待收纳、对待生活的态度上，进而赋予空间更多的想象。极简并非简单的断舍离，而是明确自己的需求，注重合理的收纳和整理，最大化利用空间，简而不减，才能让家越住越大。

有效的收纳不仅要把东西收拾起来，保持家的洁净，还要在人们使用的时候马上就能找到，提高收纳效率远比增加收纳空间重要。高效的收纳以居住者的行动路线为基础，并根据居住者的生活习惯来设计收纳布局，同时辅以合适的收纳工具。洞洞板则是在本次调研中备受推荐的收纳好物。但更重要的还是根据实际情况和日常习惯，有针对性地进行定制化设计。巧妙的收纳空间规划，能够更好地帮助人们重塑舒适的空间视觉体验。

收纳设计偏好

选项	所占比例	
隐藏式的大储物空间		29.91%
根据居住习惯规划动线收纳		23.93%
独立闲置空间收纳		12.82%
在现有家居中嵌入收纳功能		11.11%
复合空间收纳		8.55%
利用狭窄／异型空间进行定制收纳设计		5.98%
可移动的灵活收纳		3.42%
利用洞洞板、伸缩杆等多种收纳小工具进行收纳		3.42%
其他		0.86%

注：此题为多选题。

收纳好物 洞洞板

数据来源：PChouse2022家居生活趋势调研问卷

如今收纳在生活中越来越受到重视，
您对哪些收纳设计或收纳好物有所需求？

▶ 调研结果中的高频字眼 ◀

收纳盒　折叠门　收纳　实用　系统化　厨房　物品　宜家家居　整理　生活　设计　洞洞板　储物　定制　电视柜　合理　鞋架　分类　隐藏式　艾格特　了解

数据来源：PChouse2022家居生活趋势调研问卷

　　高品质的生活不一定非要井井有条、纤尘不染，但归类有序、动线明确的空间能让生活更高效、更舒适，既装得下琐碎日常，也承载得起爱与梦想。

　　其实收纳表面上是对家居物品的整理归纳，实则是我们对于生活的审视和梳理，让自己认清生活现状和内心真实需求，及时调整和重新掌握自己的生活。整理、收纳，是为了更好、更高效地生活。

空间也需要"空间"。家居收纳以人为本，从住宅整体出发，我们将收纳规划精细化设计，与空间结构更好地融合，研究完善的家居动线让家人更舒适便利。

——陈放

武汉陈放设计顾问有限公司

收纳设计一定要根据业主的储物习惯来进行，比如说要清楚了解业主有多少件长衣、有多少个行李箱等，再融入收纳设计当中。

——FunHouse 方室设计

收纳设计最重要的原则就是就近收纳。

——高士博

LULULAB 工作室

设计师有话说 ▶ 如今收纳功能在设计上越来越被强调，您认为有哪些收纳设计或收纳好物值得推荐？

看不到但是随处可放

因地制宜，定制化的前提是充分的了解和沟通

高颜值、看起来和室内墙体融为一体的收纳更值得考虑

系统化、模块化的置物产品

转角收纳、榻榻米收纳

层板收纳、货架收纳值得提倡，既环保又方便打理

厨房使用嵌入式的家具，可以让空间看起来更简洁。洞洞板也很实用，适用于多种空间

将电视柜打造成移门式书柜，关上移动门客厅可以变成书房，对爱看书的居住者来说很实用

旋转鞋架、拉伸拉篮、高伸拉篮

对空间的合理规划和极致化利用最为重要

多功能组合的电视柜是不错的选择，装饰洞洞板的空间可以很好地放置杂物

在设计之初就梳理好客户各类物品的情况及日常的收纳习惯，有针对性地进行定制化设计。百纳箱、透明抽屉盒等收纳好物值得推荐

隐藏式收纳，巧妙利用空间做出规划

收纳需要根据居室的实际情况量身定制匹配的储物空间

厨房及卫生间的收纳尤其重要，再就是入户收纳，门是折叠式的步入储物间比较推荐

收纳整理箱、隔断、挂杆

洞洞板、置物篮，包括一些可自由手工制作的储物架都可使用

坚持可用空间不浪费、死角空间不放弃的原则

数据来源：PChouse2022 家居生活趋势调研问卷

此处是为孩子的玩具预留的空间。小朋友的玩具一般都比较杂乱，同时使用频率也比较高。用收纳框的方式可以让孩子在够得到的高度自己进行分类整理

图片来源：七巧天工设计
设计师：王冰洁

进门左手边做了一整面墙的通顶储物
柜，一直延伸至沙发处，包含了衣帽
柜、餐边柜等功能。客厅沙发对面则
是储物型电视墙，设计成上下分离式，
并有部分开放格，让黑色柜体不显压
抑，同时还能与对面的茶几相互呼应，
让整体空间更显沉稳大气

图片来源：研筑国际室内设计事务所

第3节 空间多功能复合：实现家的更多可能

传统家居设计中各个功能空间大多划分明确，客厅、餐厅、书房等具有严格界定，相对独立封闭、功能单一。

如今随着家居消费升级，人们对于家居产品的需求越来越多元化、个性化。人们更愿意打破传统的功能区域划分，去打造一个空间功能交错变换、工作生活相互交融的家。通过多种功能的需求聚合，形成灵活的复合空间，从而衍生出更多乐趣和可能性，实现家的更多可能。

我认为近一年来比较突出的家居升级趋势在于智能化的运营，家居式会客越来越多，空间功能关系越来越复合，客厅不单是客厅，餐厅也可以是书房、工作场所等。

——全春瑛

餐厅以往是一家人早、中、晚用餐的地方，如今随着空间功能的转变，餐厅更多的时候可以当成生活中的工作站，让家人在此聚会、聊天、用餐，甚至是上网、阅读，这就是餐厅的一个新的可能性。这些新的乐趣其实都体现着当下时代的演变。

——杨焕生

YHS DESIGN 设计事业 执行总监

1 可移动拆装家具：
拥有"空间魔法"的"变形金刚"

现代家具的设计，大多摒弃传统的繁重，更加偏向追求自由与随性，一些造型简洁的小体量家具更受欢迎。比如细腿的座椅，可以减少对地面空间的占用，视感更轻盈，让空间更显宽敞。再如造型精巧的小茶几、小边几，不占空间，还方便组合、移动，可以满足各类家居日常的需要。

同时，一些多功能、可移动拆装的创意家具也备受时下年轻人追捧。例如旋转餐桌、折叠沙发椅、组合书柜、可组合移动伸缩的茶几、可隐藏的沙发床、可升降折叠的桌椅……就如同拥有"空间魔法"的"变形金刚"，只需通过简单的推移、翻转、折叠、升降等，就能实现不同家具功能之间的转换，灵活满足不同场景、不同空间功能的需求。

这些一物多用、灵活多变的"变形金刚"们，在减少空间占用面积的同时，也使居住者在 DIY 的过程中获得快乐和满足，创建属于自己的个性空间。其背后体现的不仅是设计者的人性化设计理念，更是对居住者生活方式、精神需求与产品功能的洞察。

轻量、细腿的沙发和小边几，不仅方便移动，还可以让整个空间看起来更清爽、更流畅，尤其适合小户型
图片来源：一野设计

2 客厅空间：重新定义客厅的多种可能

近几年来，去客厅化的设计概念逐渐兴起，不是说不要客厅，而是不再过度强调客厅的功能和界定，更多的是根据居住者的自身需求进行量身定制，将客厅和其他空间功能融合在一起，打造多功能、组合式的家庭核心区。让家人可以在此处做着自己喜欢的事情，互不干扰，同时又能增进彼此的互动和交流，增进家人之间的感情。

比如现代无电视机、无茶几的新型客厅设计，取而代之的是满墙的书架、隐藏式投影仪、宽敞的儿童玩耍空间、超大的长桌、方便移动的模块沙发和小边几等。原本一起坐在沙发上看电视的场景被弱化，客厅进而拓展为自我学习、享受个人兴趣的空间，或者成为与家人、朋友一起聊天、品茗、娱乐、阅读，以及与孩子进行亲子活动的区域，实现客厅空间的功能复合和升级。

客厅设计偏好

类型	所占比例	
客厅 + 亲子空间		19.77%
围合式客厅		18.64%
客厅 + 书房、工作区		15.82%
客厅 + 吧台、茶室		10.73%
LDK 设计		9.04%
客厅 + 影音空间		8.47%
客厅 + 阅读角		5.08%
客厅 + 宠物空间		3.95%
客厅 + 手作、琴室等兴趣空间		2.26%
客厅 + 电竞、游戏区		2.26%
传统客厅设计		2.26%
其他		1.15%
客厅 + 健身区		0.57%

注：此题为多选题。

19.77% 客厅 + 亲子空间

18.64% 围合式客厅

传统客厅
↓
多功能组合
家庭核心区

数据来源：PChouse2022家居生活趋势调研问卷

我认为近一年来比较突出的是家居升级趋势，举例来说像是以前家庭必须要有电视机，现在有些家庭做整面书柜，看书多于看电视，或者有些用投影仪替代电视机。

——JORYA玖雅

如今人们对于客厅的设计可能要考虑更多的功能，因此不仅需要满足看电视时的围坐功能，可能还需要承载会客、阅读、亲子娱乐等其他功能，所以每个空间的功能更加多元。

——廖丁樱
成都亦舍设计

没有安装电视机的客厅，一整面墙既是空间背景墙，又是一个可容纳近千本藏书的庞大书柜，宛如住进全能的复古图书馆

图片来源：深白设计

客厅没有设置电视机，而是摆上长桌和钢琴，成了集阅读、交流、用餐于一体的多功能区

图片来源：北岩设计

3 多功能复合房间：探索生活多种乐趣

  每个人总有不同的爱好和梦想，如果说家里有哪个空间可以同时容纳每个人的爱好，那么多功能房间一定榜上有名。因此无论户型大小，越来越多的人会在家中设计一个多功能复合房间，去实现家的多种可能。

  相比于客厅、卧室等，多功能房间的设计布局可以更加随心，可以是书房（占比16.70%）、客卧（占比12.85%）、休闲区（占比10.71%），也可以是茶室（占比10.06%）、游戏室（占比9.21%）、工作室（占比7.71%）、儿童活动空间（占比6.85%），甚至是衣帽间（占比6.42%）、健身室（占比5.78%）、储物间（占比5.14%）、影音室（占比4.50%）、琴房（占比3.85%）等。各种空间功能的重叠与融合，大大提高了空间利用率，让家中的每个人都能在这里找到生活的乐趣，享受生活。

多功能复合房间规划偏好

选项	所占比例	
书房		16.70%
客卧		12.85%
休闲区		10.71%
茶室		10.06%
游戏室		9.21%
工作室		7.71%
儿童活动空间		6.85%
衣帽间		6.42%
健身室		5.78%
储物间		5.14%
影音室		4.50%
琴房		3.85%
其他		0.21%
没有规划多功能房间		0.01%

注：此题为多选题。

数据来源：PChouse2022家居生活趋势调研问卷

如今人们对于家居的需求越来越多元化、个性化，空间的多功能设计可以满足不同场景的需求，能够更好地平衡和满足各个家庭成员间不同的需求和爱好。

——金晶

杭州良人一室空间设计

这间多功能房间集手工、游戏、阅读、休憩、收纳于一体，达到空间功能的重叠与融合

图片来源：予以设计

在这间多功能房间里，设有书桌和椅子，平日里可做书房；柜子里藏着下翻床，还藏着隔壁卫生间的热水器；立着字画的端景，上有挂衣杆，可以挂衣服

图片来源：理居设计

4 | 阳台空间：为家留一处世外桃源

有人说："阳台是最接近天空的地方，更是满足都市人一切幻想的地方。"随着人们生活方式的升级和个性生活需求的变化，阳台作为家居空间的延伸，越来越多的人计划着把阳台改造成多功能的个性空间，不仅用来洗衣晾晒，还能品茗看书，坐看云卷云舒，赏庭前花开花落，享受生活里片刻的清静惬意。

这其中一方面得益于智能科技的发展，智能晾衣机、干衣机等设备的逐渐普及，为释放阳台空间提供可能，让阳台不再局限于衣物晾晒、杂物收纳的功能，而是从过去单一的功能性空间向多样的享受型空间发展。另一方面，随着生活质量的提高以及"慢生活"概念的潜移默化，阳台在家居生活空间中的地位逐渐突显。作为人们家居生活中的室内外的过渡空间，阳台可以说是家居空间里一方微缩的大自然，于钢筋混凝土中为奔波于生活与工作之间的人们开辟了一处世外桃源。

调研显示，种植花草成为如今阳台最大的用途，占比 18.21%。其次是作为休闲区和晾晒区，分别占比 14.57% 和 12.32%。除此之外，还包括亲子空间（占比 10.36%）、储物收纳空间（占比 10.08%）、茶室（占比 10.08%）、阅读角（占比 8.96%）、宠物活动空间（占比 7.84%）、健身区（占比 5.60%）、吧台（占比 1.40%）等多种需求和功能，皆能在阳台这个复合型空间找到安放之处。

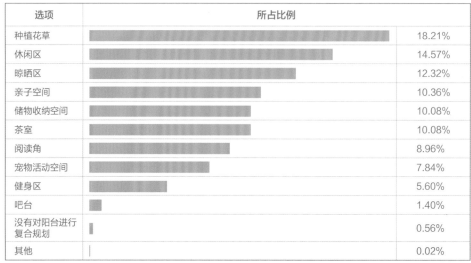

阳台规划偏好

选项	所占比例	
种植花草		18.21%
休闲区		14.57%
晾晒区		12.32%
亲子空间		10.36%
储物收纳空间		10.08%
茶室		10.08%
阅读角		8.96%
宠物活动空间		7.84%
健身区		5.60%
吧台		1.40%
没有对阳台进行复合规划		0.56%
其他		0.02%

注：此题为多选题。

数据来源：PChouse2022 家居生活趋势调研问卷

干衣机和智能晾衣机让阳台更美观，也拥有了更多可能。
日光在这张沙发椅上倾洒而下，使其成为家中最幸福温
暖的角落

图片来源：杺舍空间设计

阳台是家中小憩的区域，绿植和小摆件打造的休闲空间可以让人静下心来感受生活的美好。坐在休闲椅上安静地读一本书，抬头看见绿意蔓延的角落，心情也得到了放松

图片来源：IF SPACE DESIGN 亿釜设计

第 **4** 节　智能家居：解放双手，享受便利

　　随着 5G 时代的到来，在大数据、人工智能和物联网等技术的推动下，智能家居迅速兴起。同时随着社会经济水平的提升，人们对生活质量要求不断提高，在快节奏中追求更加便捷的生活，随之衍生出新一轮的"懒经济"热潮，智能家居的便捷性和无接触的交互方式也越来越受到人们青睐。

　　如今智能家居的应用越来越广，随着空间复合化、空间成长性的需求越来越高，家居智能化的需求也会越来越高。

——高士博

LULULAB 工作室

　　智能家居主动向智能化发展，用户的需求促使家居设备主动向智能化方向发展，智能控制全屋，通过语音操控家里的一切。

——观白设计工作室

1 智能家居普及度高，全屋智能将成为未来趋势

　　智能家居已成为当下的潮流，先进智能的家居科技产品可以帮助人们从繁琐的家务中解放，从而把时间和精力投放到更有价值的事情上。调研发现，过半数家庭都会拥有几件智能家居单品，几乎没有不使用智能家居产品的家庭。但尽管如今智能家居的普及度越来越高，却仅有 3.48% 的家庭使用全屋智能系统，超过 96% 的家庭都只是停留在使用智能家居单品或局部智能系统的层面上。

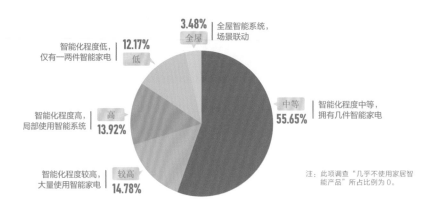

家居智能化程度　　　　　　　　　　　　　数据来源：PChouse2022 家居生活趋势调研问卷

　　在消费者看来，虽然全屋智能系统能够实现设备之间的互联互通、场景联动，并围绕居住者生活行为的偏好，打造定制化、高品质的便利生活体验，但价格、兼容性、稳定性、隐私安全、故障维修、操作复杂度等多方面的因素，都让大部分消费者对全屋智能系统持观望态度。对此，在本次调研中不少设计师也表示，虽然智能家居的普及度越来越高，但造价偏高以及不同品牌的智能设备之间不能互联是目前全屋智能系统最大的设计难点。

全屋智能的设计难点在哪里？

▶ 调研结果中的高频字眼 ◀

数据来源：PChouse2022家居生活趋势调研问卷

而就行业来看，大部分智能家居企业还处于智能单品的生产阶段，各企业间因存在竞争关系多采用封闭的系统，不同品牌的设备之间很难实现互联互通。因此，如何将不同品牌、不同底层协议、不同技术支持的智能家居单品化零为整、互联互通，仍是现阶段中国智能家居发展的最大痛点。

智能家居行业的未来，必将是多品类、多生态平台的协同创新，实现不同品类智能家居产品的无障碍互联，给用户提供更便捷、更舒适、更安全的居家生活体验。但目前，从智能单品到全屋智能系统空间的普及应用还有一段距离。

设计师有话说 ▶

灯光、窗帘普及度较高。难点在于融合各个品牌的智能设备

普及程度较为一般，大部分的客户需求程度不高，个别客户有一定的需求，难点在于各个设备品牌与智能系统之间的匹配度较低

全屋智能普及还有很长的路要走，主要难点在于客户对传统生活的满足导致不愿做出尝试

目前我们30%的业主会主动要求做智能家居，难点在于无线设备不是很稳定，有线智能设备价格偏高

年轻人的需求普及很快，难点在于每个品牌的设备不能互联，有的品牌不全面，还有就是需要智能设备方更早介入设计与装修施工

智能家具的发展空间非常有潜力，主要是多做普及，教会人们怎样便捷使用智能设备

目前距离真正意义上的全屋智能还有一定的距离，难点还是价格偏高

普及度在逐步提高，也是人们对生活品质提升需求的一种表现

其实全屋智能使用比较多的仅仅是在灯光控制、窗帘控制等方面。实现真正的全屋智能还是相对较少的，但是可以靠设计师慢慢地科普给大家，还是能给生活带来很多便捷的

对全屋智能的需求并不强烈，且觉得很多是没有必要的。只有智能开关、灯光这些接受度较高

普及度挺高的，不过大部分都可以做到简单的智能化。非常成熟的智能家居，应该是在更人性化的算法上进行升级，同时将价格做到大家都可以承受的范围

目前普及程度大多限于某个品牌的系列产品，通常客户没有额外预算来购买第三方专业智能家居厂家的产品

普及度在上升，但是整体还是小体量，全屋智能的造价以及使用者年龄层会有一定的局限性

普及度现在高起来了，设计难点在于费用，及每个客户其实还不太明白自己的需求，都是盲目地在做

对年轻一代来说会更容易接受。设计难点在于智能家具之间的适配度和标准

基础智能基本都能满足要求，全屋智能在造价上较高，业主大多数不能承受

对于不同消费群体来说，全屋智能的普及度不同，偏向于年轻化、预算充足的客户群体，难点在于智能系统间的融合以及后续的持续性消耗

目前普及度还不是特别高，因为造价太高

数据来源：PChouse2022家居生活趋势调研问卷

　　目前市面上的很多智能产品都是伪智能，并没有有效地解决一些问题，反而增加了操作的繁复度。我觉得全屋智能更在于中央处理系统的操作简便，后台需要一定的技术不断更新。

——冯青瓦

南也设计

　　目前全屋智能的普及度并不高，但是和前些年相比，还是有比较大的提升，未来肯定是一个趋势。全屋智能的设计难点在于目前价格普遍偏高，而且并不是所有的电器都能连接上智能系统，行业标准也未知，后期的维护费用也是一个问题。

——蓝晓阳

南京会筑设计

　　虽然业主常常有智能化的需求，但和想象中的差距还是很大，仅仅只是增加一些智能开关、智能灯光、智能窗帘和智能坐便器等。目前的全屋智能还处于初级阶段，需要等待科技的进步才能真正实现。

——姚爱英

引日空间设计

厨房里配置了洗碗机、蒸烤箱、垃圾处理器、净水器等一系列智能厨电单品

图片来源：KIM STUDIO

屋顶加入智能采光天窗，能够为室内带来良好的采光以及舒适的通风环境，光的融入给予了空间斑驳的影子

图片来源：几言设计研究室

设计师：颜小剑

2 | 享受生活的乐趣，追求便利、舒适的生活体验

在偷懒这件事上，这届年轻人绝对不会输，比如在做家务上，他们全靠智能家居产品解放双手。扫地机器人、洗碗机、智能晾衣架……这些承载先进智能科技的家居产品帮助他们从繁琐的家务中解放出来，而一系列由"懒"而生的智慧科技推动了"懒人消费新时代"的到来。

同样地，精致也是他们的另一张标签，虽然懒得放纵，但也看重舒适的生活体验，对生活品质有着极高的追求。他们懂得通过智能科技手段来优化生活方式，提高生活品质，享受生活。他们不仅要懒得舒适，更要懒得精致。

在本次关于智能家居产品应用的调研中，明显反映了这一趋势。相比于家政清洁场景，人们应用智能家居产品最多的场景是环境控制（占比 34.55%）和家庭娱乐（占比 25.00%），最受欢迎的智能系统是智能照明系统（占比 39.34%）和智能场景开关（占比 28.28%）。

应用智能产品最多的场景

选项	所占比例	
环境控制（如温度、空气质量）		34.55%
家庭娱乐		25.00%
家政清洁		18.63%
安全防范		14.09%
烹饪		5.91%
其他		1.82%

注：此题为多选题。

数据来源：PChouse2022 家居生活趋势调研问卷

最受欢迎的智能系统

选项	所占比例	
智能照明系统		39.34%
智能场景开关		28.28%
智能新风系统		13.93%
智能安防系统		11.48%
智能警报系统（如可燃气体探测器、烟雾警报器等）		6.56%
其他		0.41%

注：此题为多选题。

数据来源：PChouse2022 家居生活趋势调研问卷

想象一下，当你一身疲惫地回到家中，你甚至都不用开口，家里已经调整到最适宜、最符合需求的环境迎接你归来，灯光根据不同情境自动切换相应模式，各项智能娱乐设备让你真正放松身心，轻易在家中找到居住的乐趣、生活的舒适便利，这或许便是大部分人追求的美好品质生活的模样。通过算法分析，根据用户的生活习惯，做出个性化、多场景的优化联动，满足用户多元的生活需求，将是未来智能家居升级的趋势和方向。

当前最显著的是灯光智能，解放了人的大脑和双手，避免了回到家为打开一盏灯而挨个把开关开一遍的尴尬局面。

——开物营造研究室

未来智能家居的发展如果能通过读取业主的生活习惯，经过分析算法，跟家里的所有电器、设备等进行整体控制，来满足业主的生活需求，那么就完美了。

——FunHouse 方室设计

智能应该是一个整体的生活习惯的优化，而不单单是产品的升级。

——黄同书
西禾设计

设计师有话说 ▶ 您认为智能家居以及智能家居产品在当下乃至未来有哪些突出的发展趋势？

操作更傻瓜化，价格更平民化

新一代业主对生活的便捷性要求及老年人群的安全性要求

比现在更智能、更简单，操作难度越来越低

让人与家之间产生互动，它更懂我们

满足不同人的不同家居需求

我觉得智能在未来是一种可以带给生活巨大改变的东西

现在我们的客户对智能家居的需求已经越来越多，我觉得灯光开关控制做得比较多。未来可以设计些无主人化的家庭场景，比如家里没人的时候，如何靠智能家居产品去照顾宠物

觉得智能家居应用的范围会越来越广，随着空间复合化、空间成长性的需求越来越高，在家居智能化方面的需求也会越来越高

可以实现人机互联，甚至能做出准确的预判，比如面部识别、声音识别、自主学习能力、主动响应能力

数据来源：PChouse2022 家居生活趋势调研问卷

业主追求家居智能化与电子设备的配置，激光电视机、电动窗帘、全屋中央空调、智能冰箱、扫地机器人、智能坐便器等一应俱全，一台手机就可以控制家里的设备

图片来源：KeepDesign 留住设计

全屋采用了智能家居控制系统，通过
智能手机控制灯、窗帘、空调。视频
设备启动视频模式时，屏幕自动下降，
投影仪、功放、音响等设备自动打开，
1秒穿梭到影院

图片来源：上海煜卡室内设计
设计师：麦古一

第 5 节 个性化表达：家是以"我"为主题的展览馆

如果说当代年轻人唯一的相同点就是每个人都不同，那么一个个风格各异、彰显个性的居住空间便是对他们最好的注脚。

充满个性、乐于表达的他们，对家的设计更加不设限，希望家不仅满足功能上的各种需求，更是自我审美的体现。通过不断外化的个性表达，为家打上"这就是我的家"的烙印。调研显示，随着消费主体越来越年轻化，个性化追求成为年轻一代业主最为显著的需求变化。

作为年轻一代的消费人群，
您对于家居元素有哪些偏好与需求？

▶ 调研结果中的高频字眼 ◀

个性化
细节 空间 注重
颜值 随性 追求 喜欢 定制
生活 风格 需求 风格化
色彩 年轻人 个性 搭配 极简 年轻一代 家居
表达

数据来源：PChouse2022家居生活趋势调研问卷

信息多元化且信息的迅速更替使得年轻一代有了更开阔的眼界，由此越来越多的年轻人在设计上有明确的自我意识，可接纳度高，审美和辨别能力也更强

从单一的风格转变为混搭融合，很多个性元素在一个空间内共存

选择自由职业的业主越来越多，对办公室有比较大的需求

从传统单一的需求到贴近生活实际的个性化需求

不同业主对功能、美感、成本等内容的衡量标准不同，非同质化是他们共同的追求

年轻一代对生活的舒适性、休闲娱乐的多样性、色彩的搭配都会有更多的关注，居家风格也更具潮流性

大胆地尝试新产品对于空间的表达方式

一般的业主喜欢追赶网络上流行的风格，类似网红风；有想法和个性的业主，就会找一些不常见的风格

更明确地懂得自己的审美及需求喜好，对产品的细节工艺有自己的认知见解

更加追求个性和自我性格的表达

更追求个性化的定制及内心需求的满足

家居风格从大白墙到轻奢，再从轻奢走向极简

其实年轻人还是更多地在追求差异化，侘寂风格的流行就很好地说明了这一点

越来越追求个性，崇尚自由、随性

从没有到有再到有要求，目前应该在步入对需求有要求的过程中

更倾向于颜值，对实用性的需求偏弱

大部分更喜欢纯粹的、干净的、饱和度低的色彩

从简单流行趋势到自我独立需求的明确

从早期的欧式、美式，大部分业主对于风格的定义是来自传统的装修公司。随着时间的推移，大家又去模仿国外的风格。现在，大部分业主的想法和我们的理念一样，采用去风格化，找到适合自己的元素，然后将其放进去，才是自己独一无二的家

接受生活场景和传统场景的变化，更享受当下生活

从最开始的模仿到如今的知道自己适合的、想要的

风格化的东西更弱化，个性化的需求更强烈

数据来源：PChouse2022家居生活趋势调研问卷

虽然年轻一代整体上会更倾向于极简的方向，但并不是唯一的，年轻人的需求是非常多样的，并不局限于传统的需求和风格，有很多个性化的体现。

——高士博
LULULAB 工作室

年轻人其实喜欢去风格化，当然去风格化不是完全的无风格，而是在有一个主导风格的前提下，去提炼个性，混搭一些喜欢的元素，从而形成自己的特点，色彩也是同理。

——廖丁樱
成都亦舍设计

年轻一代对生活的舒适性、休闲娱乐的多样性、色彩的搭配都会有更多的关注，居家风格也更具有潮流性。

——姚爱英
引日空间设计

1　大胆个性的色彩表达，拒绝千篇一律

追求个性是这个时代年轻人的特点，他们渴望与众不同，勇于张扬自己的个性。在家居设计中，年轻人对于色彩的运用十分大胆，也明显反映了这个特点。色彩作为人类视觉中最响亮的符号，不仅是心情的一种表达，同时也是室内设计的灵魂，彰显着居住者的审美品位和个性。

因此，相较于传统清寡的大白墙，当代年轻人更加特立独行，选用深色、撞色，或明艳、治愈色彩装饰的创意墙面与家具，打造出个性自我的空间，或是搭配原木风的软装，营造日式和风家居风格，这些都是近年来家居设计的流行趋势。

人们越来越渴望借助更加多元化、更具生态特点的色彩，点亮家居空间，也寄托着对美好品质生活的向往。

近年来家居设计的
流行趋势

打造个性
色彩空间

日式和风
家居

家居色彩表达偏好

选项	所占比例	
白墙＋原木风格家具		39.34%
空间整体为黑白灰中性色彩		22.33%
墙面、家具仅少许色彩点缀		12.62%
空间整体为清新治愈色系		11.65%
空间整体为暗黑色系		5.83%
空间整体为浓烈、明艳、个性色彩风格		5.83%
拼色、撞色墙面		5.83%
传统大白墙，没有做特别色彩设计		3.88%
其他		1.94%

注：此题为多选题。

数据来源：PChouse2022家居生活趋势调研问卷

年轻一代有很多自己的想法植入家居风格、色彩里，个性化需求越来越明显。

——金艳

KIM STUDIO

他们不会盲目选择法式、欧式、中式的风格，可以接受更加大胆、新奇和少见的色彩搭配，偏向个性化的设计，对于细节的要求越来越高。如今，个性化表达更加偏向舒适的居住体验。

——金晶

杭州良人一室空间设计

年轻一代的业主对于家居风格慢慢地趋向于极简却又不失温暖，色彩方面偏黑、白、灰、原木、奶白等简洁的色彩。

——观白设计工作室

出于对自然属性的热爱，整个空间的配色以白色和温馨的原木色为主，营造出返璞归真的生活质感，流露出平淡质朴的日式风格

图片来源：久栖设计

此案例采用红色系，大面积铺
设于几何墙体上，借用白天和
黑夜的光线折射出不同层次的
空间，表现出热烈与安静的反
差情绪空间

图片来源：黎秋辰设计工作室
设计师：黎秋辰

2 珍贵的收藏，
应该拥有醒目的展示空间

　　父辈们迷恋古董、名表、豪车，当代年轻人则执着于跑鞋、盲盒、手办、口红等。相较于上一代人的含蓄内敛，他们更乐于表达与展现，更希望将自己的爱好融入生活空间，把自己挚爱的收藏放在显眼的位置，从而为家打上私人的"烙印"，让来到家里的每一位朋友第一眼就认定"这就是你的家"。

　　因此，与传统的家居收纳需求不同，当代年轻人对收纳空间的诉求会更倾向于其中的空间展示功能，以此打造专属的潮玩区。比如整墙的玻璃收纳柜，兼具展示与收纳功能；或是将大面积的墙壁做成整体的展陈空间，形成视觉焦点。

他们更随性、更自由，更懂得用生活来取悦自己。

——翰高设计

客厅陈列架上的摆设是主人爱好的体现，在休闲放松之时，以最投入的状态去享受自己的艺术探索时间

图片来源：K-ONE 设计

进门左转的画廊展示了业主收藏多年的原画，客厅内
6 m 长的书架长廊收纳了近 5 000 本漫画书，还设计了
收纳 2 000 多个手办的展示柜

图片来源：不作设计工作室

设计师：孔祥雪

3 | 不断提升的个性化需求，带动定制设计的快速发展

回顾近两三年来家具行业的发展趋势可以发现，成品家具市场份额不断萎缩，定制家具高速崛起。一方面，我国城镇化进程加快，为定制家具行业的发展提供源动力。不论是新房装修，还是二手房装修，抑或是存量房翻新，都存在大量的定制家具需求。同时，随着国内房价攀升，中小户型住宅的销售占比持续提升，定制家具更为高效的空间利用率优势也为其快速发展提供了可能。另一方面，大众对美好生活的渴求持续升级，传统的成品家具已不能满足消费者对个性化生活的追求，人们更喜欢在居家生活中加入更多自主的创意特色及创新功能。正是人们个性化需求的提升，促进了传统家具行业的转型，并带动定制家具行业的快速发展。

在设计领域，消费者对个性化生活方式的需求日趋强烈，也决定了定制产品强化设计实力的必要性。灵活多变的定制家具设计可以完美地解决当前大多数居室空间小、空间结构不规则等难题。通过对空间的设计规划，打造兼具颜值、收纳、个性和生活功能的家居空间，让消费者实现对美好舒适生活方式的追求。因此，个性化、定制化的全案设计，在消费升级的浪潮下也越来越受到人们的追捧。

设计师在沙发墙部分定制了一整面墙的收纳柜，用于满足客厅及阳台的收纳需求。简单又有排列变化的线条，让整个空间有序又别致

图片来源：重庆研舍设计

年轻一代需求的变化从注重功能，到注重功能与形式的结合，色彩和定制材质也更具个性。

——李光政

北岩设计

他们越来越倾向于重装饰、轻装修的理念，也更愿意表达自己的家独有的定制化诉求。

——黄同书

西禾设计

年轻一代的业主更清楚自己要什么，定制性更强，风格喜好更加明显，风格也越来越趋向于简约、极简，装修收口等细节更加精致。

——盛晓阳

南京会筑设计

该二手房房龄较为久远，设施及结构状况较差。比如原来的厨房非常小，几乎无法正常使用，而通过设计师的定制化改造，将狭小的厨房与卫生间对调位置，业主也能拥有双开门冰箱及 U 形操作台面，烹饪成为乐趣。厨房、玄关及餐厅相互连接，增加家人的互动，做饭时也不孤单

图片来源：FG 空间设计

第6节 多元化消费形态，催生更加多元化的家居需求

近三四年来家居需求不断变化，人们的日常生活轨迹发生改变，也越来越关注居家时的生活感受，这些变化也引发了大众对家的更多功能性的思考。如今，人们对健康、家居的再关注，对自我的再认识，达到前所未有的高度，居住生活方式在加速改变，也催生了人们更多的新型消费习惯和家居需求。

如今居家功能需求更多样及多元化，在家里也可以满足休闲娱乐、工作学习等不同的需求。

——金艳
KIM STUDIO

设计师有话说 ▶ 您认为人们如今对于居住产生了哪些新需求？

进门要有洗手池，以及满足清洁物品、口罩等物品的随手取放

实用性、便捷性，针对突发情况的一些准备

对彼此的感情交流以及室内环保的要求

储物功能更加完善，要做新风系统

客厅空间增加家庭成员之间的互动功能，至少要有两个卫生间

人们对宅在家里时的生活、休闲、工作有了更多的关注。比如美食的制作，引起对厨房中西厨设计的关注；再如午后休闲，对传统客厅也提出更高要求

进门玄关的多功能利用

需求更加温情，而不只是简单的美观

独处空间、家庭共处空间、屋内社交空间

在家里休息、放松、获得自我空间的诉求点

收纳、环保、关爱、温度感、交流应该是如今关于居住的关键词

入户处设有洗手盆，次新衣有地方放。想要一个舒适、能久待的居住空间

在家办公、远程办公、储藏功能、影院等

舒适健康居家设备，空间功能叠加，空间的对话感、交流感

在家办公的需求，公共空间要能满足家人共处的氛围要求，家与居住者在精神上的契合度

家庭办公需求加大、厨房空间需求加大

在家办公和阅读的时间越来越多

越来越多的人开始选择智能家居，日常生活中有一个机器人管家还是不错的

入户需要能放置外出衣物的地方

数据来源：PChouse2022家居生活趋势调研问卷

1 职住一体：居家办公成为刚需

近几年，互联网飞速发展，不少人可以长时间在家办公，居家办公逐渐成为新潮的生活方式。据"2022家居生活趋势调研问卷"显示，截至2022年底，已有超过78%的业主表示有在家办公的需求。

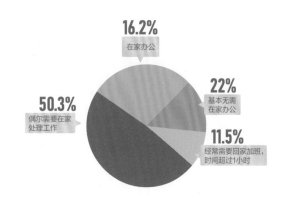

16.2% 在家办公

22% 基本无需在家办公

11.5% 经常需要回家加班，时间超过1小时

50.3% 偶尔需要在家处理工作

居家办公情况　　　数据来源：PChouse2022家居生活趋势调研问卷

如今您对于居住产生了哪些新需求？

▶ 调研结果中的高频字眼 ◀

阅读　空间　书房　高效　功能　客厅　休闲　实用性　居家办公　生活　需求　工作室　居家　复合空间　设计　安静　亲子　收纳　共处　自由　舒适

数据来源：PChouse2022家居生活趋势调研问卷

随着技术发展、自由职业者增多，在家工作的需求未来会更多；同时除工作外，自我学习提升、辅导孩子学习等，都让居家办公的设计成为新的需求。其中，36.82% 的业主设有独立的书房，11.94% 的业主甚至在家设有独立工作室，而 42.29% 的业主利用多功能复合房间，7.97% 的业主则利用客餐厅、卧室、阳台等空间进行办公。

在家办公需求规划

选项	所占比例	
多功能复合房间		42.29%
拥有独立的书房		36.82%
拥有独立的工作室		11.94%
客餐厅		6.47%
卧室		1.00%
没有在家办公的规划需求		1.00%
阳台		0.50%
其他		0.00%

注：此题为多选题。

数据来源：PChouse2022 家居生活趋势调研问卷

定制的书架或书柜、长条式或可升降的办公桌、人体工学座椅、护眼灯等办公家具是热门选择，配合洞洞板、模块化的办公组件等，可以灵活方便地满足不同工作用品的摆放和收纳需求，让办公环境既保证工作需要的简洁高效，也有家的温馨氛围。

如今人们对居家需求的变化表现为更注重居家功能的齐全合理、温暖、舒适，兼具线上居家办公等复合功能。

——陈静
禾景装饰 - 大陈设计

在可开放可闭合的独立工作室
区域，灵活可变的工作墙、组
合的柜体可以自由切换状态
图片来源：几言设计研究室
设计师：颜小剑

意式铝边框装饰的超窄格栅门使书房变成可开放、可封闭的空间，兼作阅读和交流空间。关起门来是个可独立看书或电话会议的私密空间，打开门后又很好地与客厅形成互动

图片来源：重庆双宝设计

2 居家健身：渐成健康生活新需求

人们越来越关注居家时的生活感受，并且激活了新的需求，与在家办公几乎同等被需要的是居家健身，人们对健康的关注和重视达到前所未有的高度。据《2021年中国运动健身行业报告》显示，2021年4月，中国运动健身APP月活用户超5 000万人，运动健身用户线上化趋势持续加强。

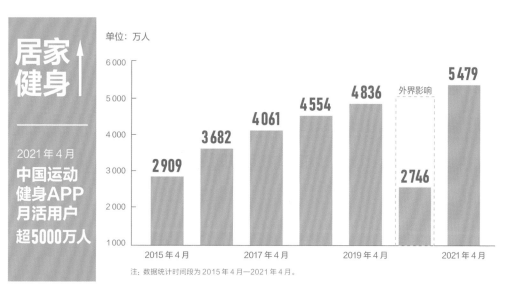

运动健身 APP 月活用户规模

数据来源：Fastdata 极数《2021 年中国运动健身行业报告》

在本次调研中我们也看到，"健身"是继"阅读"和"在家办公"之后，人们对于特殊空间规划较为热切的需求，占比9.80%。为了打造健康的生活方式，人们在健身上投入了更多的时间，居家健身规划成为家居设计中一大新需求。

特殊空间规划需求

空间规划需求	所占比例	
阅读		11.22%
在家办公		10.61%
健身		9.80%
茶室		9.18%
亲子空间		8.98%
衣帽间		7.96%
兴趣收藏陈列		7.96%
影音		7.14%
游戏室		6.94%
宠物活动		5.92%
吧台		5.10%
休闲阳台		4.69%
朋友聚会		4.29%
其他		0.21%

注：此题为多选题。

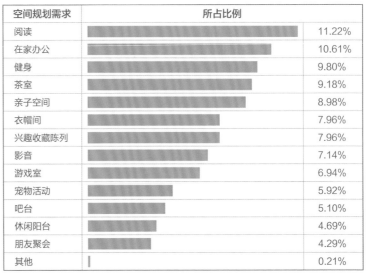

数据来源：PChouse2022家居生活趋势调研问卷

家庭健身区的打造丰俭由人，对于有条件、有空间的大户型住宅，可以在家划分出独立的健身室；而更多家庭会选择将健身功能复合在客厅、阳台、多功能房间等功能区域，提升空间的利用率。即使只是一块瑜伽垫的方寸之地，也能实现在家健身的自由。

如今很多业主的生活习惯变为待在家里，那么在设计上更多地会去考虑家里的各种生活配套是否能匹配长时间在家的生活状态。大部分需求是在家玩乐，于是就有了健身、游戏的需求，以及对于智能家居的需求。

——FunHouse方室设计

这是一名健身教练的家，设计师将一间卧室改造为开放式的健身室，可同时容纳2~3人健身，成了本次装修中最让业主满意的设计。用一个小卧室换来了大人、孩子、朋友、学员的开阔活动空间

图片来源：JORYA 玖雅

多功能房间集合书房和健身房等多种功能，办公、健身两不误，让热爱健身的业主也能在家实现健身自由。三面墙使用落地镜使空间显得格外大，在家健身也不失为一种情趣

图片来源：TK 原创设计

3 | 入户洗手成为习惯，健康环保家居概念深入人心

近几年，随着健康理念的深入人心，人们越来越注重日常的清洁卫生，入户洗手的意识和习惯也逐渐加强。玄关作为进入住宅的缓冲区域，越来越多的家庭会在玄关设置洗手池，方便入户洗手消毒，这也是本次调研中人们在家居设计中的新诉求。除了洗手，玄关还应搭配完备的收纳区，用于收纳外出衣物、包包、鞋子，放置口罩、酒精等物。当下的玄关已不再是简单的门面，更承载了清洁、消毒、收纳等多项复合功能。

对于玄关的布局，也有不少业主会选择将厨房入口方向和玄关连接，使得进门洗手以及处理厨余垃圾更加直接。玄关与厨房的连通，也将成为未来入户动线布局的一大趋势。

您认为当代人如今对于居住产生了哪些新需求？

▶ 调研结果中的高频字眼 ◀

空间 厨房 环保

实用性 入户 健康 功能 客厅 休闲

生活 需求 洗手池 居家

卫生 设计 新风 收纳 安全 清洁 舒适

亲子

数据来源：PChouse2022家居生活趋势调研问卷

同时，人们对家居的健康环保方面也有了更高的追求。越来越多的家庭在选购家居产品时会更关注"健康""环保"，调研显示，关于选购家居产品最看重的因素，"环保性"的占比仅次于"品质""体验感"和"颜值"，占比10.56%。另外，越来越多的家庭也会考虑加装新风、空气净化、净水等系统改善家居环境，正是长时间的居家生活带来对居住空间的更高要求，人们更渴望有洁净的空气和水质来保障健康生活。

越来越多家庭在
选购
家居产品
时会更关注

选择家居产品和装修设计时最看重的因素

因素	所占比例	
品质		18.89%
体验感		15.00%
颜值		13.33%
环保性		10.56%
个性化表达		7.22%
设计潮流		6.11%
性价比		5.00%
智能化		5.00%
细节考究		5.00%
艺术特色		5.00%
豪装风格搭配		4.44%
易清洁打理		3.89%
其他		0.56%
彰显身份		0.00%

注：此题为多选题。

数据来源：PChouse2022家居生活趋势调研问卷

如今对于居住的新需求表现为入户能洗手，要有独立空间能换鞋更衣，换下的衣物能及时清洗。

——盛晓阳

南京会筑设计

如今人们对于新风系统的需求更高了，因为在家待的时间更多。

——廖丁樱

成都亦舍设计

入户不再是一眼到底，顶天立地的白色玄关柜立于面前，利用收纳分割空间、遮蔽视线；凹面悬挂区射灯向下，简约清爽中仪式感满满。左转是洗衣区和客卫洗手台，背后是厨房，在这里就能完成衣服的清洁，鞋帽、包包的收纳，以及手部、面部的清洁，一步到位

图片来源：本墨室内设计

设计师：本小墨

第 7 节 新消费群体崛起，居住生活方式加速蝶变

如今在多元化的消费形态下，居住生活方式已经没有一个确定的规则限制。不同生活方式下的人们皆能在这个时代找到自己享受生活的空间形态。随着"80后""90后"乃至"00后"消费群体的崛起，他们对于家居生活也提出了新的要求，更强调个性，更聚焦于质感，更关乎个人的生活志趣。

1 宠物之家：我的家也是它的家

对于很多人而言，宠物已经成为生活中最好的"伴侣"。与其把猫狗说成宠物，如今人们更愿意将其看作家人。在单身主义、丁克主义兴起的当下，宠物成了情感寄托的窗口。宠物带来的治愈感和陪伴感，可以适当缓解当代人在快节奏生活的高压下所产生的孤独情绪，让他们"孤而不独"。

当爱宠逐渐由宠物向"家人""朋友""儿女"的身份转变时，家庭生活空间也发生着充满趣味的变化。都说宠物陪伴"铲屎官"十年，而"铲屎官"却陪伴宠物一生。家，既是我们的家，也是它们的家，如何融洽地与"毛孩子"们朝夕相处，如何为它们打造一个舒适的居所，常常成为"铲屎官"们在考虑家居布局时的难题。

对于宠物居所而言，抛弃过去观念中那些缺乏美感甚至会让宠物产生恐惧感的猫笼狗笼，一些实用而有创意的宠物家具才是当下"铲屎官"们的心头爱。

在养宠物的家庭中，66.09%的"铲屎官"会在家居设计中结合宠物的生活习性去考虑家的动线规划，预留更多的宠物活动空间，打造"人宠共乐"的居所。如猫屋、狗屋、猫爬架、猫抓板、宠物通道、宠物门洞等，都是宠物家居中的热门选择。

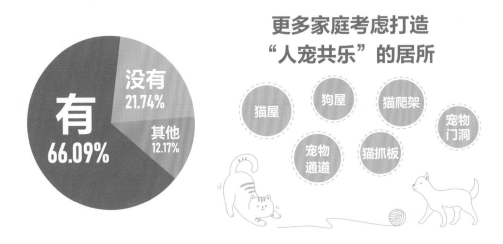

关于"是否有围绕宠物特性设计宠物空间"的调查结果　　　　　数据来源：PChouse2022家居生活趋势调研问卷

人与宠物之间的关系比较微妙，为宠物设计家具可能是新鲜感和形式主义的驱使，更重要的则在于发现每个业主家的宠物与人的细微关系和状态，尽量不让设计去破坏原有的平衡状态。

——开物营造研究室

"各取所需"是我们的设计原则。一般来说有宠物的家庭对宠物的宽容度会很高，我们也会利用宠物的个性和特点来为它们打造一些空间，以及人宠的互动空间。

——罗旋

武汉邦辰设计

可以在空间规划中划分出一些区域给宠物使用。比如睡觉的地方、洗澡的地方、玩乐的地方等，这些都要根据每个户型的不同来现场规划，再结合主人的生活习惯打造"人宠共乐"的居所。

——姚爱英
引日空间设计

宠物是家庭的一员，所以大部分都不会设计一个"笼子"来关住它们。同时在家具材质的选择上会更注意。

——廖丁樱
成都示舍设计

设计师有话说 ▶ 如今越来越多的人把宠物视作家人，设计中如何更好地平衡人与宠物的需求，打造"人宠共乐"的居所？

大多数业主都会给宠物留一个角落。同时家具的选择上也更注意考虑宠物因素

需要给宠物规划出属于它自己的空间，同样人也要自己独立的空间，所以需要把宠物与人的区域及动线分开。同时也需要一个宠物与人一起互动、玩耍的区域

在设计中会预留宠物的活动空间

把宠物也当成房子里的主人，给它们留出一定的空间

方便照顾宠物的吃喝拉撒和游戏需求、清洁需求

不用刻意去区分人与宠物的空间

当然是把它当作一个伴侣来对待了

一般家里没有小孩的可能就会有宠物，说明有些业主已经把宠物当成小孩了，所以要给它们特殊的关怀。有的需要给宠物留下特定的空间。我们也要考虑宠物对家具的破坏、毛发处理等问题，根据实际情况制订方案

一是人与宠物的互动，二是宠物的卫生以及相关用品的收纳

一般会把宠物的居所或者玩耍的区域放在公共区域，而且是向阳的位置，以及靠近人活动的区域

相互兼容同时又互不打扰

会在有宠物的业主家里独立安排一个宠物自己的小房间，一般会结合在一处柜体里面，也会考虑到上下水是否方便

注重宠物空间与室内空间的协调和统一，以及空间之间的权重关系

把宠物当成家庭成员，设计前充分了解它们的居家动线和习惯

我自己也养了很多宠物，但没有给它们特地去打造什么空间，而是平等相处在同一个空间中。很多为了宠物设计的空间，宠物并不领情，比如在天花板设计猫走廊，但猫并不一定会去走。它们也是很放松的居家状态，想怎么样就怎么样

首先设计师要有养宠物的经验，然后根据不同种类宠物的生活习惯打造宠物生活的空间

了解宠物的习性，设计并且定制宠物的攀爬架

给予宠物空间区域，不要做过多限制

更要考虑宠物在家里的舒适性

数据来源：PChouse2022家居生活趋势调研问卷

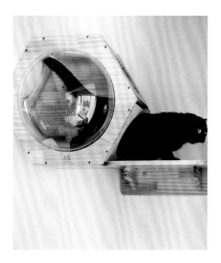

客厅的太空舱猫屋，成为猫咪和主人交流互动的场所。每当有陌生人到来的时候，猫咪还可以躲在里面偷偷地观察外面

图片来源：武汉邦辰设计

设计师根据宠物的习性打造了宠物生活的专属空间。猫跑道也让空间富有了环游性与趣味感，而跑道内部以及每一条通路上的洞口位置都是仔细分析猫咪行动路径后的结果

图片来源：季意空间设计

扫码观看，一镜到底

2 独居生活：一个人也精彩、不将就

根据 2021 年《中国统计年鉴》数据显示，"一人户"家庭超过 1.25 亿人，占比超过 25%。不管是出于喜欢独居生活的主动选择，还是出于一个人背井离乡打拼的被动状态，当下年轻人独居已经成为一种趋势。"整租独居"仍然是年轻独居群体的主流居住形式，其次则是"自有房独居"。

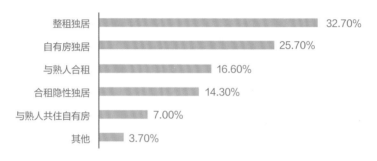

整租独居	32.70%
自有房独居	25.70%
与熟人合租	16.60%
合租隐性独居	14.30%
与熟人共住自有房	7.00%
其他	3.70%

"90 后"当前的居住状态　　　　　　数据来源：贝壳研究院 & 珍爱网　《90 后独居青年生活真相》

如同"一人食"餐厅的悄然兴起一样，"单身经济"的发展也带火了单身公寓，家电行业也刮起了一股"迷你"风，不少小容量、高颜值、多功能的小家电成了单身独居群体的"心头好"。

由于没有家庭负担，单身人士更乐于花时间和金钱享受自我。一次说走就走的旅行、一场一个人的电影、一顿丰盛的大餐、一张舒服的沙发椅……只要能取悦自己，单身人士们都毫不吝啬。

虽然独居青年没有家人分担装修和生活中的花销，经济能力有所受限，但也不意味着将就，崇尚精致生活的他们，从不放弃对美好品质生活的追求。在调研中，"品质""个性化"成了独居群体在家居设计需求中的高频词汇。越来越多的独居青年用行动诠释了"住宅无关大小，居住品质至上"。

同时，他们也注重个性的居住功能和需求的表达，从自己的生活状态出发去考量设计，以舒适和自己的喜好为要点，实现自我居住空间的享受。

作为独居群体，您对居住有哪些特殊需求？

▶ 调研结果中的高频字眼 ◀

数据来源：PChouse2022家居生活趋势调研问卷

独居群体对居住的品质要求很高，由于是一个人住，空间规划上就比较丰富多样，多采用开放式设计，个性化表达方面也比较强，追求高性价比。

——观白设计工作室

家变成一个重要的个性符号，带有浓重的个人色彩，对于个人需求的关注越来越高。

——金晶
杭州良人一室空间设计

独居群体更注重从实现个人精神放松的层面去做考量。相比一些刚需家庭，空间的表现与呈现可以更自由自主一些。

——开物营造研究室

独居群体最大的需求就是不用考虑自己以外的任何人的想法和意见，对于品质要求更高，希望所有空间不被分割，是可以随意联动的。对于房屋本身，也要求具备十足的个人属性，最好是朋友一进来看到整体设计，就觉得这个是属于你的房子。

——FunHouse 方室设计

设计师有话说 ▶ 相比其他居住状态，独居群体在家居设计中，在居住品质、空间规划、个性化表达、性价比等方面有哪些不同的需求？

空间区域会更加开放，有的甚至连卧室都是和其他区域连通的，因为不用考虑私密性，所以会完全按照自己内心想要的方式来设计，完全不用考虑其他人

独居群体对生活品质的要求会更高，比如需要专门的健身房、影音房、电竞房、工作区、休闲区等

喜欢空间宽阔自由的同时，对灯光、色彩、材质要求更加精致

更在乎生活的品质和个人在家的娱乐空间需求，弱化交互性很强的空间需求

独居群体的个人审美和生活需求有浓烈的自我标签，对于传统居室的需求进一步弱化

独居业主更追求精神和自我的表达

空间尽量大，生活化的东西不用太多，甚至可以舍弃厨房的功能

更注重个性功能需求的表达

更注重自我舒适度的表达

更偏重居住品质，表达个人化标签

更注重空间品质、空间包容度。一个人的空间不能显得太冷，要有更多家的归属感

独居群体更在乎智能化控制，对于生活的便捷性更为看中

更加开放的布局、更加个性化的配置

独居群体更看重的是个人的空间感和距离感，需要保护自己的隐私，又需要展开的空间可以随意地走动，因此个性化的东西更多

完全为自己的生活状态考量，比如有哪些功能需求、需要满足什么样的生活状态，并在此基础上打造匹配的空间等

独居群体往往居住空间不会很大，因此更强调空间功能的复合性。对于独居客户，我们通常会尽可能地实现不同空间之间的联系，让居住者使用起来更加便利

目前做出的独居空间对于功能性更为穿插、更为开放，但是对生活品质要求很高，对收纳要求高

对品质要求比较看重

对精神上的理解感悟、对个性的追求

独居空间对于收纳要求不高，三室、四室都可以改为一室，可以有更多空间上的想象。年轻人较多，预算也比较充足，可以接受很多新的想法和事物

对空间的功能要求更高，要求个性化的表达，对性价比反而不会太在意

独居群体更看重房屋的氛围，包括光、声、色、形、味

数据来源：PChouse2022 家居生活趋势调研问卷

年轻人独居的家，采用深邃个性的暗黑风，在暗色空间里，水泥漆与玻璃砖、木材等多种材质交织碰撞。空间用色大胆、不拘于常规，令整个居室趣味横生。自然光影与灯光的叠加，为居家空间带来温暖的气息。极致的空间设计不仅仅是形式上的克制和断舍离，更追求心灵上的满足感

图片来源：深白设计

业主是一名音乐老师，对自己要求很
高，对住宅的要求也很高，不要千篇
一律的设计，希望拥有一个漂亮的家。
室内看似毫无硬装设计，但越是简单
的东西越有质感

图片来源：遇一设计
设计师：大陆

第3章

7个美好家的设计，发现居住新乐趣

如今随着消费市场升级，消费形态逐渐从必需型消费向发展型消费、美好型消费转变。家，对于当代人来说，除了基础居住功能的实现，更重要的是对美好品质生活的体验与享受。它是对个性、品位等的诠释，也是人生兴趣点的最好投映。

正是人们千姿百态的生活，造就了美好各异的住宅空间，展现了当代中国人居的多种可能性。我们精选了7个优质设计案例，从中可以看到当代人生活的不同图景，不被户型、面积、风格束缚，各自展现着不同的生活之美。希望它们能带给你美好家居的灵感，帮助你发现居住新乐趣并找到理想家的模样。

地点 ｜ 深圳
户型 ｜ 四室
面积 ｜ 130 m²
居住状态 ｜ 三代同堂
设计单位 ｜ 梨下艺术设计
设计师 ｜ 向北

第1节 把树屋、滑梯搬进家，打造130m²多元亲子互动空间

这是一个来自深圳的三代同堂的改造项目，130 m²三居室改为四居室，除了主卧和儿童房，还设置了一间奶奶房和一间外婆房。

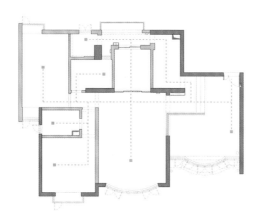

改造前空间动线图

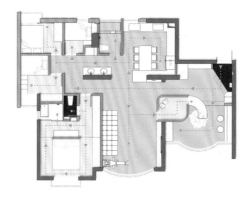

改造后空间动线图

改造前，整个客厅被孩子的滑梯、秋千和各种玩具堆满，这让业主备感苦恼。设计师通过整合功能，加入异型的造型、独特的工艺，让物品为人服务而不是成为生活中的障碍，在有限的面积里，在满足生活功能需求的同时，为业主一家打造了一个多元的亲子互动空间。

1 亲子空间重点在于"亲"，与孩子分享"共同的家"

　　自从开放"三孩"政策以来，养育孩子相关的话题愈发成为热点。除教育之外，更多的来自生活层面，尤其是家居设计中对于亲子空间的打造，受到了越来越多的关注。

　　孩子作为家中重要成员之一，其生活、成长的使用需求也应该被纳入设计考虑之中。一个优秀的亲子住宅，在满足大人生活需求和品质追求的同时，也应有属于孩子的一片天地。每个家庭成员都能在家中找到归属感，彼此独立又和谐共处。

　　所谓亲子空间，也许重点在于"亲"，在这样的出发点下打造出的"共同的家"，是一个充满乐趣、幸福的家。

　　就如同这个案例中的住宅一样，一进门，人们就会被树屋和滑梯构成的亲子空间吸引。这个为孩子打造的趣味木屋，成为孩子在家中的快乐基地。同时它还承载了连通门厅、书房和客厅的功能，既有透视感，又不会让人觉得拥堵。客厅与亲子空间之间所呈现出的穿透感，让家人虽然不在同个空间，也能关注、感受到彼此。

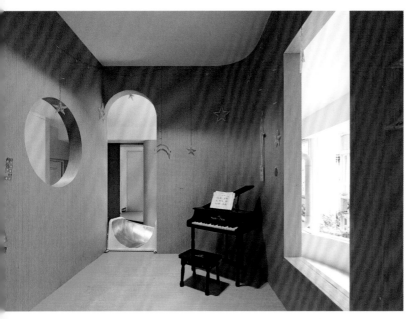

滑梯另一边的书架和桌椅，不仅可作为大人阅读、工作的场所，还可作为孩子日后的学习空间。

2 收纳不是为了断舍离，而是为了更高效地生活

　　近年来，随着极简主义风潮的兴起，断舍离的生活态度也一度非常火热。很多人都在最大限度地去减少家居用品，甚至让家里看起来几乎"空无一物"，以达到极简的视觉效果。但其实收纳不是单纯地为了扔东西或者整理，而是为了给那些真正有用、有价值、能给我们带来快乐与美好的东西腾出空间，更是为了让我们认清内心的真实需求，及时调整并重新掌控自己的生活。

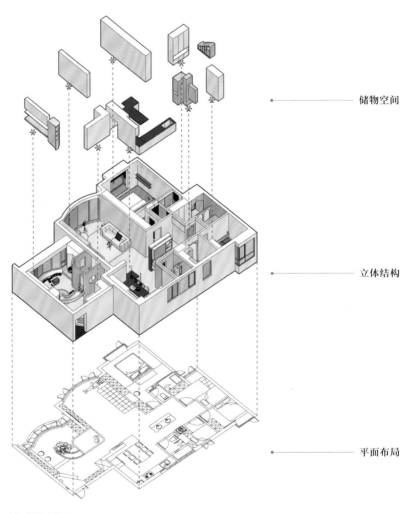

———— 储物空间

———— 立体结构

———— 平面布局

轴测爆炸分析图

高品质的生活不一定非要井井有条、纤尘不染，但归类有序、动线明确的空间能让生活更高效、更舒适。好的收纳设计应根据居住者的生活习惯来设计布局，各个场景中经常用到的东西要伸手可及，这样既能高效生活，也能让家"越住越大"。

针对有孩子的家庭，本案中设计了很多收纳功能。进门处的一排储物柜，不仅能收纳鞋子、包包等，还设有家政柜，容量大且借助柜门将内置物品隐藏起来，外观干净整洁，采用悬浮式设计提前规划出扫地机器人的位置。

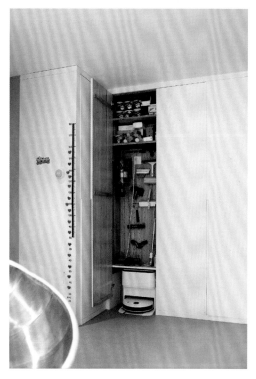

客厅是一家人除睡觉外，日常待得最久的地方，更是收纳了家人大部分的公共物品。设计尽量简洁精致，去掉电视机、茶几，定制了一整排顶天立地的收纳柜，开放式收纳与封闭式收纳并存，有藏有露。各式日用品、杂物可存放进有柜门遮蔽的隐藏式收纳空间里，而常看的图书、精致的陈设则可摆放在开放格中，既方便日常拿取，又能保持空间的整洁清爽。

底部的开放式收纳格，可用于收纳孩子的玩具、常用物品，让孩子在够得到的高度进行分类整理，从小培养良好的收纳习惯。

儿童房中，将床架高，通过几节楼梯上下，梯下空间被完全利用起来，作为小朋友的衣服、玩具等日常用品的收纳空间。下层空间刚好适合小朋友的身高，可以在床下玩耍、休息。墙壁上也做了垂直收纳装置，用来摆放书籍和玩具，让孩子从小就养成随手收纳的习惯。

3 开放式厨房，家庭关系和空间一起被打开

现代人的生活习惯趋于品质化、个性化，他们期望厨房拥有除烹饪外更多元的功能。近几年，随着时代的发展以及抽油烟机、集成灶等厨房电器的进步，开放式厨房在中国逐渐流行起来。它将厨房和客餐厅打通，形成了一个开放式的烹饪、就餐空间，这种通透舒适、高颜值的设计深受当下年轻人的喜爱。

开放式厨房不仅让空间变得开阔明亮，大大提升空间利用率，烹饪时也不用担心封闭、拥挤的问题，还能一边做饭一边和家人聊天交流、照看孩子，融合了烹饪、用餐和社交功能，是更适合现代用户的厨房模式。

本案改造为餐厨一体，兼容在一个大空间里面，不仅让厨房更开阔，多人烹饪也没有压力，烹饪动线也更加流畅；同时提升了家人之间的互动频率，大人在做饭的时候也能观察到孩子的一举一动，方便孩子与家长分享快乐。

由于开放式厨房将整体空间暴露在视野中，其美学设计、布局与操作动线就显得非常重要。需要做好相应的收纳、清洁工作，避免将杂乱的视觉体验带入客餐厅中。本案中厨房墙面外贴珐琅板，各种挂件利用磁力上墙，无需打孔，随时调整，不仅美观还方便清洁。

扫码观看，一镜到底

地点 │ 成都
户型 │ 四室
面积 │ 145 ㎡
居住状态 │ 二人世界
设计单位 │ 拾光悠然设计

第 **2** 节 145 m² 悠闲度假风公寓，两人两猫的生活太惬意

这是一套位于成都的 145 m² 度假风公寓，业主是一对年轻的小两口，家里还养了两只猫。两人都很喜欢悠闲舒适的感觉，设计师在设计中融入大量的藤编和原木元素，从而为业主打造出一个充满度假感的舒适之家。

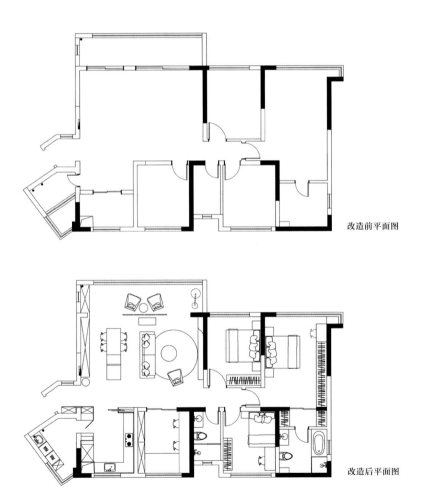

改造前平面图

改造后平面图

1 拒绝千篇一律，精装房改造需求增长

近几年，随着相关政策的推动和居民消费升级，精装房持续走热。据奥维云网（AVC）监测数据显示，2021年我国房地产精装修市场规模286.1万套，保守预估2029年精装房渗透率将达到80%，精装房的市场份额仍然会持续递增。

从某种程度来说，精装房确实省时、省力、省心。但千篇一律的装修设计，以及开发商规划出来的标准生活线，似乎并不能迎合每个人的居住需求。于是催生了越来越多的精装房改造需求。通过设计与局部改造，探索住宅空间的更多可能，带给居住者舒适、温馨的居家环境，让看起来大同小异的精装房充满活力和温度，这就是精装房改造的价值所在。

本案正是一个精装房改造项目，原始的空间分布比较规整，不需要大面积的墙体新建、拆改，只需进行小范围的空间优化。原始户型中，餐厅、生活阳台和厨房集中在入户左侧，每个空间都显得非常局促。设计师通过改造，优化了整体空间布局，扩大了厨房空间，将生活阳台门后移，以隐形门的形式与从入户延伸而来的装饰面板融为一体。

客厅采用轻巧的家具布局方式，融入原木和藤编元素，搭配具有淡雅花纹的地毯和形似花瓣的蚕丝吊灯，营造出轻松舒适的度假感。阳台部分空间被纳入客厅后，搭配了整面的木百叶窗帘。以三扇藤编屏风作为客厅与阳台的隔断，散发着浓浓的自然气息。

2 半开放式厨房，更适合中国家庭的餐厨格局

生活需要烟火气，但不需要油烟味。随着当下开放式厨房的流行，厨房"解腻"越来越成为刚需。中国人的烹饪方式以爆炒、煎炸为主，产生的油烟较多。对于大部分中国家庭来说，油烟问题让很多人对开放式厨房望而却步。

但开放式厨房和清爽的环境并非两难抉择。一方面，可以选择吸油烟效果强大的抽油烟机产品和集成灶，就能有效解决开放式厨房的油烟问题；另一方面，中西分厨或用玻璃门、窗隔断形成半开放式厨房，既兼顾开放式厨房的社交属性，又能解决中式菜肴的油烟困扰，成为更适合中国家庭的餐厨设计格局。

本案原来的厨房狭小，经过改造之后，厨房三面都可有效利用。大理石墙面嵌入冰箱、烤箱、洗碗机，左侧的抽屉加拉篮加平开柜则用于收纳餐具、刀具、调料、米面粮油等，保持台面整洁的同时，也能很好地满足日常烹饪的收纳需求。从右侧到左侧，依次是冰箱、洗菜区、切菜区、炒菜区、上菜区，一气呵成，动线流畅。

而厨房移动门与餐厅相对，可开可合，开放式、封闭式随意切换，爆炒菜肴时也不用担心油烟跑出去。

3 是宠物也是家人，我的家也是它的家

对于很多当代人而言，宠物已经成为生活中不可或缺的陪伴和情感的寄托。"猫狗双全"更可以说是不少年轻人的理想生活。宠物家具也不再只是简单的猫窝、狗窝，而是家居设计中的重要组成部分。"铲屎官"们也更愿意给宠物打造属于它们自己的舒适空间。

如今的宠物家居在设计时更多以人与宠物的和谐关系为出发点，遵从宠物的生理习性和身体结构特性。在不影响人们正常生活的同时，也能为宠物带来使其活动方便、令其愉悦的家居产品。

本案中的阳台不仅是业主的休闲放松之地，同时也是猫咪的地盘。在靠餐厅的一侧设置了整面的柜体，下方是猫咪的猫砂盆。另一侧则设有猫爬架。人和宠物都能在此休闲、玩耍、放松。

第3节 大学老师的 150 m² 日式原木住宅，三人一猫的生活好自在

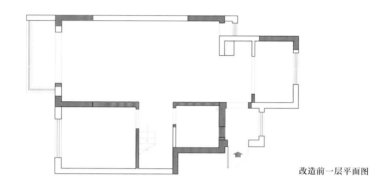

改造前一层平面图

地点 ｜ 南京
户型 ｜ 跃层
面积 ｜ 150 m²
居住状态 ｜ 三口之家
设计单位 ｜ 云行空间建筑设计

这是一套位于南京的面积 150 m² 的跃层公寓，业主夫妇都是大学老师，都有较长时间的在日本留学与工作的经历。在升级为三口之家后，源于之前的习惯以及现在的需求，他们希望拥有一个实用、耐用、自在放松的家，希望家能成为他们忙碌过后的休憩之地和平静之源。

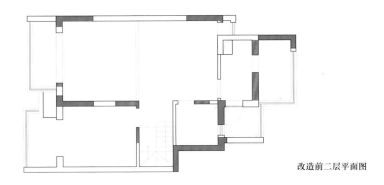

改造前二层平面图

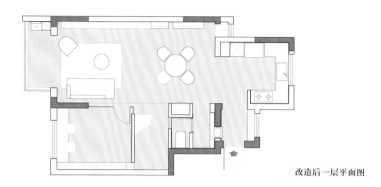

改造后一层平面图

改造后二层平面图

1 原木加白墙，永远不过时的温暖治愈风格

传统的大白墙虽然干净纯粹，却略显清冷单调。加入原木家具后，木质元素自带的自然与温暖的感觉，或淡雅，或温润，为空间带来更多温馨与惬意，治愈感满满。因此，原木色加白色也被称为最佳组合，是近年来家居设计中的流行趋势之一。

本案客厅在整体视觉干净的白色空间中，加入色调柔润均匀的木饰面天花板和木地板，简约而别致，细腻的纹理间充满纯净的想象。光从窗外照进来，照在层层的原木色之间，洁净又温馨，营造出柔和温暖的居住氛围。

2 半开放式书房，兼顾采光与实用性

如今，在家里设置一间书房，或是隔出一隅供办公、阅读，几乎成了当代人家居设计的必备需求。如果在刚需空间里既要保障采光与空间的通透性，又要兼顾隔声等实用性，那么半开放式书房不失为一个不错的选择。

本案客厅与书房之间以玻璃分隔，呈现半开放的状态，不仅提升了空间的通透性，扩展了公共空间，还增强了书房与客厅的互动性，增进了家人间的交流互动，同时亦能保证作为大学老师的业主能够专注于书写与阅读，不受外界声音的干扰。在共同工作和阅读的时间里，透过玻璃亮起两盏灯，柔和的暖黄色灯光见证了家人之间互不打扰又温馨甜蜜的陪伴。

格栅为书房与楼梯间的隔断，与书柜结合的楼梯边也有了临窗读书的氛围，无论是格栅还是小轩窗都构成了空间独特的风景线。整面墙的收纳柜与洞洞板既能发挥实用的收纳功能，又是小猫咪的娱乐场所。

3 | 入户处洗手设计，居住的新刚需

随着健康理念的深入人心，人们已逐渐养成了入户清洁的习惯，对于居住的新需求表现为入户能洗手。

本案在入户处就设计了双面台盆，提供了左右两侧双向的交互。入户时虽只能看到"幕前"的一部分，但这种设置让家人的清洁变得更简单顺手。

干区的蓝灰色小砖通过镜面打造界限消失的感觉，在可见和不可见之中，"幕前""幕后"充满变化。

扫码观看，一镜到底

地点 ｜ 重庆
户型 ｜ 三室
面积 ｜ 120 m²
居住状态 ｜ 三口之家
设计单位 ｜ 重庆研舍设计

第4节 120 m² 现代简约风公寓，坐拥宫崎骏动画般的浪漫日落

    这是一套位于重庆市中心的高层公寓，是一个三口之家的温馨寓所。敞亮的落地窗将室内与窗外的繁华美景完美连接，实用的生活需求和浪漫的生活美学兼顾相融。整体清新简约的设计，正是设计师对极简风格的高级诠释。

改造前平面图

改造后平面图

1 去繁从简的视觉呈现，是对材质和工艺的极致追求

在这个忙碌的时代，紧张的城市生活给人一种无形的压迫感，家的重要性不言而喻。极简风格更强调空间的单纯性，去繁从简，更注重人在居住空间内的视觉感受，从而能够让居住者得到彻底的放松，带给居住者更多的舒适感。这也是大部分人选择极简、现代简约家装风格的原因之一。

而空间在视觉上所呈现出的简约干净，背后却是对设计、材质和工艺的极致追求。通透的空间感体现极简的格调，但为了满足居住者的生活需求，则势必要有体现空间感的物品。因此要选择材质考究的物品，把空间的隔断感降低，令物品与空间自然地衔接。同时，精湛的工艺更是体现在每一个细节里，利落的轮廓、平滑的线条，看似理所当然的存在，都是刻意雕琢后的展现。平面之间的衔接、精细的收边，就算是小小的踢脚线，也会收敛到极致。

所以说，"极简主义等同于极致奢华"不无道理，而这句话在这个空间中更是得以充分体现。整个空间用料简单，全屋大量使用木纹砖和木饰面，视觉上简洁一致，细节上又突显了材质的自然肌理，可以让空间与空间之间平滑过渡，打造合理的空间秩序，同时给这个家带来更多的温馨和自然质感。

设计师凭借独特的设计手法，以温润圆滑的弧形改造空间。随处可见的弧形元素、丝滑的圆角诠释了精湛工艺的内核。每一处细节的考究都是对品质生活的追求。

2 生活美学的表达，在平凡生活中找到美好日常

在"悦己经济"兴起的当下，住宅设计更注重自我个性的表达，体现出一种私享化、个性化的趋势。它聚焦于质感，更关乎个人的生活志趣，更追求美好的生活体验。人们希望在平凡生活中寻找艺术、寻找美，找到美好的日常。对家居设计的需求，也在注重功能性、实用性的基础上，更注重美学的表达、颜值的呈现。

本案中，设计师改变了传统的横厅空间布局，把餐厅与客厅调换方向，打通了阳台和客厅，将餐桌放到原本阳台的位置。站在大尺度的全景落地窗前，可将城市繁华、绝美夕阳尽收眼底。在这里用餐，该是一种多么浪漫的体验。向外，可以欣赏日出日落，俯瞰繁华城市的灯火辉煌；向内，一盏温馨的吊灯，点亮这个柔和温润的家。实用的生活需求和纯粹的美学艺术在这里完美融合。

百叶窗帘搭配椭圆形石材台面的餐桌、弧形的餐椅，上方悬挂着球形吊灯。处处考究的细节也延续了整个空间温婉精致的格调。

"二次元"漫画师长大了，90㎡日式小宅藏有近5000本漫画书和2000个手办

地点 | 大连
户型 | 两室
面积 | 90 m²
居住状态 | 一人独居
设计单位 | 不作设计工作室
设计师 | 孔祥雪

这是一套位于大连的 90 m² 日式一人居住宅：漫画师的家、职住一体、收纳控、细节控、原木风、日式、四分离卫浴、几千本漫画书和限量版手办……一系列词语都不足以形容这个特别的家。业主是留学日本多年的漫画师，这原本是一个传统的两居室户型，她希望打破传统，打造一个职住一体、兼顾工作与生活的日式住宅。这个家布满了她喜欢的东西，是一个让她可以静下心来享受生活、不被打扰的世界。

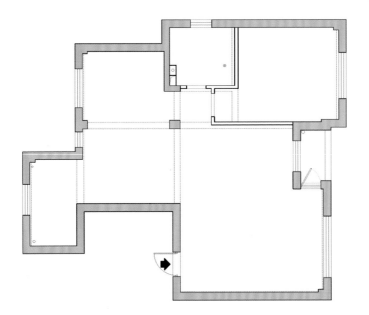

改造前平面图

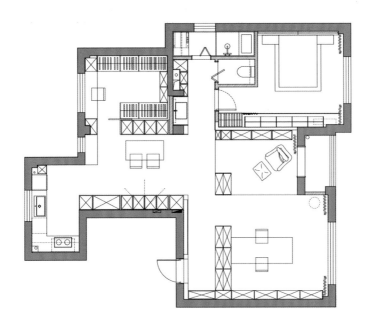

改造后平面图

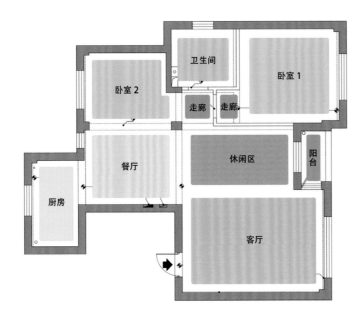

改造前平面功能分区示意图

改造后平面功能分区示意图

1 | 个性化表达，我的天地我做主

随着大量年轻人前往大城市打拼、工作、生活，以及他们独立自主意识的增强，独居逐渐成为越来越多年轻人的一种生活方式。对于独居的业主而言，无需与他人共享生活空间，空间规划丰富多样，喜欢采用开放式设计，体现自己的喜好与需求，把家变成一个重要的个性符号，带有强烈的个性化表达。

在这个个性张扬的时代，每个人都有自己的追求和喜好。如今大多数年轻人更愿意享受当下的快乐，无论是"二次元"手办、乐高模型，还是盲盒玩偶，甚至是球鞋、口红、包包等，但凡是"心之所爱"，便要一件一件地收集回家。相较于上一代人的含蓄内敛，他们更乐于表达与展现，更愿意把自己挚爱的收藏品放在最显眼的位置，为这个家打上独一无二的"烙印"。

本案可以说是"二次元"的梦中情房，从玄关开始就充满设计感，90 m² 的小宅满载着业主的热爱。进门左转是一条长廊，同时也是画廊和书架，摆放着业主多年来收藏的原画。

客厅区域则化身成为收藏级别的
家庭图书馆，收纳着近 5 000 本漫画
书，这都是业主多年来往返日本背回
来的成果。

休闲区做了 150 mm 高的地台，令空间更有层次感，朋友来了可以在此留宿。同时还有一整面墙的玻璃展示柜，珍藏的手办可以在这里展示出来。

　　就连卧室的窗帘背后也设计成囤放各种漫画周边和手办的隐藏区域。生活在其中，每天被自己的热爱环绕，满满的幸福感陪伴左右。

2 职住一体，年轻人的新潮生活方式

近年来，自媒体的崛起、直播带货行业的蓬勃发展，以及互联网技术在各个领域的广泛运用，为远程居家办公提供了技术支撑。职住一体、居家办公成为越来越多的人尤其是年轻人愿意尝试的一种工作、生活方式。

在当今的时代，无论从事何种职业，随时工作在某种程度上已成为不可避免的生活方式。因此也有越来越多的人会在家中设计职住一体的空间，让客厅、餐厅、书房等空间没有严格的界定。打造一个空间功能交错变换、工作生活相互交融的家，是当下年轻人在家居设计中新的选择趋势。

由于职业的关系，业主期望打造一个职住一体的家，未来可以在家里办公。工作区被安排在光照充足和空间尺度舒适的朝南区域，工作台是一般家庭中常见的供六人使用的红橡木长桌，桌面尺寸为 2 400 mm×1 000 mm。设计师定制了等长且材质相同的显示器增高架，用来分割空间——桌子被分为了电脑区、绘画区、阅读区和手账区，来满足漫画师业主的各种工作场景需求。

扫码观看，一镜到底

地点　|　天津
户型　|　两室
面积　|　125 m²
居住状态　|　一人独居
设计单位　|　深白设计

125 m² 油画质感的家，现实版"绿野仙踪"

这是一套位于天津的 125 m² 公寓，是一个拥有油画般质感的家，满载着业主对于家的个性构想——老电影里的旧时光、童话故事里描述的"绿野仙踪"终于有了具象。这个野蛮生长又真切隐匿于城市喧嚣中的家，装载着业主的自由浪漫的情怀！

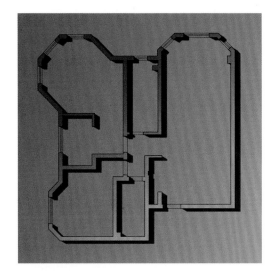

改造前平面图

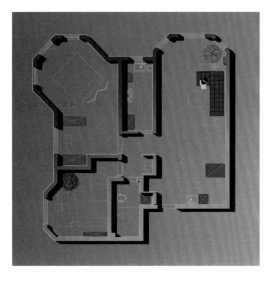

改造后平面图

1 告别单调的大白墙，用色彩营造简约灵动的空间氛围

近年来，年轻化成为整个家居设计行业的主题。个性的新生消费群体追求时尚、崇尚新潮、看重颜值，敢于打破条条框框的限制。而对于个性化的装修来说，色彩是最容易运用的"工具"，充满生机的色彩是更直接的表达载体。相较于清寡的大白墙，彩色的创意墙面，搭配相应色系的家具，打造个性的色彩空间，是近年来家居设计的流行趋势之一。

单色的白墙可能会给人乏味单调的视觉感受，而拼色墙面可以很好地营造出自然大气的空间氛围。最简单的方式，便是一半刷彩色的漆、一半刷白色的漆，无论是横向上下拼接，还是竖向左右拼接，都能让空间更有层次感、更灵动。

本案业主喜欢绿色，餐厅将复古绿的背景墙与原木、藤编等元素完美融合。搭配白色橱柜，其极具特色的复古纹理，来自中古风格中特有的混搭感和历史感，赋予整个空间时髦轻松的基调。

而卧室也依旧使用了牛油果绿的墙漆，适当留白的拼接形式让空间具有呼吸感，同时将复古清爽的氛围贯彻到底。

卫生间的湿区更是采用时尚的复古红的大胆配色，让沐浴空间也变得鲜活起来。坐便器区与淋浴区用安装有长虹玻璃的拱形门作为分隔，拔高空间高度。

2 | 不再受限的多元阳台，宅家也能收获向往的生活

随着人们生活方式的升级，人居需求也越来越多样，人们在对住房的空间有更多选择的同时，也有了更多的探索。阳台作为现代家居空间的延伸，其功能也变得多元化且个性化。

阳台的功能不再局限于衣物晾晒、杂物收纳，冥想、观景、休闲、品茗、娱乐、阅读等活动都可以与阳台联系起来，阳台从过去单一的功能性空间向多样的享受型空间发展。如今的阳台已成为家居空间里一方微缩的大自然、一处多元化的复合型空间。在这里可以享受生活里片刻的清静惬意，找到居住的无穷乐趣。

本案客厅保留了原始户型中阳台的多边形窗，不完全落地的设计让空间结构感更强。而这个异型阳台也成为业主的专属休闲空间——栽花种草、阅读放空、享受茶点……小小的空间具有大大的功能。

扫码观看，一镜到底

　　铁艺置物架将书籍收纳规整。家中随处可见各种风格的装饰画，都是业主看画展所得或从国外带回来的藏品，不仅装饰着空间，也记录着人生中的某一段旅程。

地点 ｜ 福州
户型 ｜ 复式
面积 ｜ 143 m²
居住状态 ｜ 三口之家
设计单位 ｜ 引日空间设计
设计师 ｜ 姚爱英

第 7 节 143 m² 高颜值又实用的北欧复式住宅，谁敢信竟是奇葩枪式户型

　　这是一位设计师的自宅，是一套位于福州的 143 m² 复式住宅，作为一家三口的改善型住房。特别的是，这是一个奇葩枪式户型，设计师却对它一见钟情。经过一番大刀阔斧的改造，原本怪异阴暗的复式空间，化身成比别墅还好住的多元化、高颜值北欧复式住宅。开放式厨房、健身空间、衣帽间、浴缸、洗衣房、户外休闲阳台、客房等样样俱全，满足了各种生活所需。

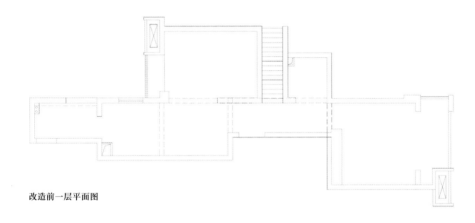

改造前一层平面图

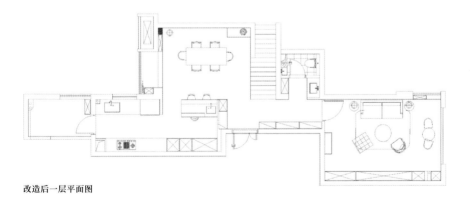

改造后一层平面图

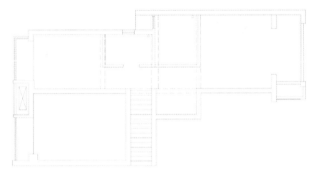

改造前二层平面图

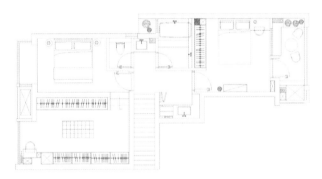

改造后二层平面图

1 多功能组合家具，复合空间的完美搭配

　　由于房价过高，小户型住宅成了不少年轻人的理想选择。相应地，舍弃繁重设计的小体量家具更符合大众需求。人们也不再使用笨重的沙发三件套，而是用造型别致的小沙发、座椅或脚凳作为补充，让坐与卧更加随性，适配于多种户型。而沙发、椅子、茶几等家具也越来越趋向于细腿的设计，轻巧纤细，不仅方便移动和清洁，也可以减少对地面空间的占用，让空间有更多的留白，整体看起来更清爽、更流畅。

　　那些充满想象力、多功能组合式的家具同样越来越受到人们的青睐。它们能够实现空间的最大化利用，让小空间富有弹性和灵活性，也可以为住宅带来不同的新鲜感，满足每个家的个性化需求，实现住宅的更多可能。

本案客厅面积不大，没有笨重的大沙发、大茶几，沙发、茶几、吧椅均是轻量化的设计，在视觉上更显轻盈。配合整面的落地窗，空间更显开阔。客厅没有安排电视柜，而是做了整面墙的储物柜，充分利用客厅空间进行收纳。柜子中间做出留白，不仅增加了更多的使用功能，也避免给居住者造成压迫感。

在柜子的最右侧还增设了床的功能，只需要把柜门拉开，一张1.5 m宽的折叠床就呈现在眼前，关上玻璃门，客厅秒变客房。沙发、椅子、落地灯，还有超大玻璃窗，该配置甚至超越了楼上的主卧，亲朋好友过来小住几日也完全没压力。

2 居家健身，健康生活方式的新宠

如今人们的生活习惯和消费需求发生了改变，比如人们的健身意识大大增强，从而深度激活了居家健身的新需求。居家健身因其花费低、可操作性强、时间成本少等优点，成为不少人的新选择。为了实现健康的生活方式，人们投入更多成本在提升居家健身的质量和体验感上，居家健身场景规划也成为家居设计中的一大新需求。

本案中设计师就为家人打造了一个专门的健身区。把原来的生活阳台改造成健身活动区，在玻璃门背后的一整面墙上贴了镜子，营造出私人健身房的氛围。这样足不出户也能在家锻炼身体，提高免疫力的同时也提高了时间支配的灵活度。

3 智能科技的发展，释放更多阳台空间

据奥维云网（AVC）数据显示，2022 年第一季度干衣机线上零售量为 15.4 万台，同比增长 62.6%，零售额为 6.1 亿元，同比增长 71.9%。由于智能科技的发展，智能晾衣机、干衣机等设备的逐步普及为释放阳台空间提供了可能。阳台不再局限于衣物晾晒、杂物收纳的功能，而是成为既能满足生活实用性，又能拥有多种功能和个性格调的空间。

本案中从楼梯上来的侧面空间，原来是主卧的衣帽间。由于空间过于狭小，设计师将这里改造成洗衣间，设置了洗衣机、干衣机，还有一个洗衣池，平时也可以洗刷物品。不用的时候，将百叶折叠门一拉，空间整洁美观。

原有的阳台不够大，空调位有一半是邻居的，无法拆除，也不好利用，最后做成了一个装饰壁炉，天气冷的时候也能给人温暖的感觉。而整个阳台的宽度较窄，想要打造户外休闲阳台就显得有些局促。所以设计师把阳台拓宽，把常规的推拉门改成复古的平开窗。窗外的长凳让阳台的空间利用率更高，也成为家中的一个舒适的休闲空间。

在多元化的消费形态和生活方式下，我们更看重居住带给自身的哪些乐趣？

高志强

中国建筑设计集团筑邦设计院

副院长

空间情绪设计论创立者

● "居住乐趣绝不仅仅是那些被刻意描绘的仪式感。当我们长期居住在一个空间里时，持久的美好体验才是一栋住宅真正给居住者带来的乐趣。

过去我们总是关注怎样创造乐趣，现在和未来也许我们可以着力于防止在居住中产生的空间体验疲劳感和麻木感。不止空间维度，更注重时间维度上的创造，帮助居住者减少情景体验产生的负面影响，我想这种居住体验一定是充满乐趣的。"

何永明

道胜设计创始人 / 设计总监

● "我觉得居住乐趣第一在于颜值，颜值一定要高，这样才能打动年轻人；第二在于个性，人才是主体，人的兴趣爱好与其在空间中的状态才是最重要的；第三在于科技，科技让我们的生活更加便利，这是代表当代生活乐趣的重要方面。"

孙建亚

亚邑设计

创始人 / 设计总监

● "这种乐趣可以体现在我们回到家里能否如同度假休闲般放松下来，以及由此相关的、在设计中要考虑到的室内与景观的相互沟通等问题。"

方磊

壹舍设计创始人

● "居住空间承载的是一个人或者一个家庭在生活、精神层面的东西。在这个空间里会有无限的可能性。比如说一场聚会、一顿烛光晚餐、一段美妙的音乐……在这个空间里乐趣是无限制的。"

潘冉

名谷设计机构
创始人

● "居住的乐趣在于应该最大程度地满足与自己个性相符的生活方式，并从生活方式出发，做出相关的空间结构设计和家居陈列设计。我们说空间和人一样，它应该是自己会说话，而这样的空间是能反映出居住者自身性格的。所以，和自己的性格契合的居住空间，才可以将居住乐趣完整地体现出来。"

唐忠汉

近境制作设计有限公司
设计总监

● "居住乐趣来自很多层面，包含我们的五感六识。住宅实际上是衣、食、住、行整体的融合。对于居住的乐趣要更多地向内探索，因为这里是一个要跟自己独处、跟自己生命中最重要的人交流的地方。

居住乐趣在空间与人的互动、环境与人的交流之下，帮助居住者形成清晰的自我认知，让居住者表现出真正的完整的自己。"

孟也

孟也空间创意设计事务所创始人
WHYGARDEN 家居品牌创始人

● "我觉得房子应该和人一样，不要那么木讷，而要有情趣，才能给有情趣的人更好的支撑。让房子和个人、生活的情趣相得益彰，保持同频。

换言之我们可以打破功能需求上的限制。比如，我们既可以在餐厅品尝家人做的美食，也可以把它当成工作室。

这就是趣味性空间的打造，让设计和情趣相匹配，或者朝着这个方向努力，一切皆有可能才有意思。"

特别鸣谢

感谢设计行业评委导师对本书的专业指导：

陈暄	十上建筑创始人/中央美术学院建筑学博士
方磊	壹舍设计创始人
高志强	中国建筑设计集团筑邦设计院副院长/空间情绪设计论创立者
何永明	道胜设计创始人/设计总监
李益中	李益中空间设计创始人/总设计师
孟也	孟也空间创意设计事务所创始人/WHYGARDEN家居品牌创始人
潘冉	名谷设计机构创始人
青山周平	B.L.U.E.建筑设计事务所创始人/主持建筑师
孙建亚	亚邑设计创始人/设计总监
唐忠汉	近境制作设计有限公司设计总监
王中	中央美术学院教授/城市设计与创新研究院院长
杨焕生	YHS DESIGN设计事业执行总监
张海华	Z+H仁海设计主理人
郑东贤	PLAT ASIA 联合创始人/主持建筑师

感谢精英设计师/设计机构参与本书的制作：

本小墨	本墨室内设计
蔡星宇	LAE生命与永恒空间设计
陈程意	忱意空间设计研究室
陈放	武汉陈放设计顾问有限公司
陈欢	IDEAL-DESIGN七间设计
陈静	禾景装饰-大陈设计
陈龙	青创空间设计
陈晓辉	凡辰建筑设计事务所
陈子欣	上海映象设计
成都宏福樘设计	
重庆双宝设计	
重庆研舍设计	
储丹霞	K-ONE设计
褚晓寒	济南無白空间设计
大陆	遇一设计
戴齐灏	6度室内设计
丁方	DFDesign设计事务所
FG空间设计	
FunHouse方室设计	
凡尘壹品设计	
方远远	温州目后空间设计
冯青瓦	南也设计
高迪憙设计事务所	
高士博	LULULAB工作室
观白设计工作室	
涵瑜设计	
翰高设计	
杭州邸内设计	
赫设计	
黄同书	西禾设计
黄一	壹尼设计
黄英培	NYS-studio
IF SPACE DESIGN亿釜设计	
JORYA玖雅	
姜冰	方平米设计
金晶	杭州良人一室空间设计
金艳	KIM STUDIO
境屿空间设计	
久栖设计	
KeepDesign留住设计	
开物营造研究室	
孔祥雪	不作设计工作室
来波	Mr来设计工作室
赖小丽	广州胡狸胭脂设计机构
雷刚	蓝山设计
黎秋辰	黎秋辰设计工作室
李光政	北岩设计
李果然	薄荷设计
李佳	季意空间设计
李挺	易品大宅设计事务所
理居设计	

廖丁樱	成都亦舍设计
林庚	宽窄空间设计
刘平	目申设计
罗旋	武汉邦辰设计
麦古一	上海煜卡室内设计
弥高空间设计	
木桃盒子设计	
牧蓝室内设计	
璞珥空间设计	
全春瑛	独立设计师
齐天震	北京左右边儿设计工作室
任云龙	云龙空间设计
山由	福州引力设计
山止川行设计	
单波	南京和晟设计事务所
深白设计	
深圳漾设计	
盛晓阳	南京会筑设计
诗享家空间设计事务所	
时一设计	
拾光悠然设计	
宋美婧	武汉棠颂设计
TK原创设计	
潭潭儿	無奇设计
谭贻心	亚町设计机构
天马设计工作室	
王冰洁	七巧天工设计
王明治	明治空间设计事务所
王寅思	HAS空间设计
王中玮	王中玮设计工作室
吾隅设计	
吴犇	九木十方室内设计事所
吴红	初晨设计
吴佳	广州一点设计工作室
武汉吾同设计	
犀宅原创设计事务所	
夏承龙	合肥1890设计
向北	梨下艺术设计
项涛	kongyu design studio
谢锐彬	跨界设计
杺舍空间设计	
熊川纬	武汉逅屋一舍室内设计
徐瑞	北京玖晟瑞合装饰设计
研筑国际室内设计事务所	
颜小剑	几言设计研究室
杨昂	易昂设计
杨克鹏	雕琢空间设计
姚爱英	引曰空间设计
叶姣	易品大宅设计事务所
1986设计事务所	
一野设计	
伊闻	鉴筑（北京）工程设计有限公司
壹阁设计	
义乌希设计	
右尔	北京One space 设计工作室
于园	北岩设计
予以设计	
云尖设计工作室	
云行空间建筑设计	
张波	璞予设计
张成	张成室内设计工作室
张慧	重庆晚风设计工作室
张磊	淼凡设计
张兆娟	独立设计师
赵悦莱	上海莱氏设计
周传龙	东荷逸品空间设计
周晓安	晓安设计
周煜	周煜设计工作室